大学计算机
基础实训教程

主 编 杨长春 薛 磊
副主编 向 艳 谢慧敏
丁 辉 方 骥

U0290434

南京大学出版社

内容提要

本书包括 Windows7 操作系统、文字处理软件 Word 2010、电子表格软件 Excel 2010、演示文稿制作软件 PowerPoint 2010 以及附录等 5 个部分,内容基本覆盖全国计算机等级考试二级(MS Office 高级应用)的考点。每个模块包含若干项目,每个项目由内容描述和分析、相关知识和技能、操作指导以及实战练习和提高 4 部分组成,"学—练—用"相结合,项目内容实用性强。

本书可以作为高等院校"大学计算机基础"课程的实验教材,也可以作为全国计算机等级考试二级(MS Office 高级应用)的参考书以及办公室管理人员的自学教材。

图书在版编目(CIP)数据

大学计算机基础实训教程 / 杨长春,薛磊主编. ——
南京:南京大学出版社,2018.8
高等院校信息技术课程精选规划教材
ISBN 978 - 7 - 305 - 20324 - 4

Ⅰ. ①大… Ⅱ. ①杨… ②薛… Ⅲ. ①电子计算机—
高等学校—教材 Ⅳ. ①TP3

中国版本图书馆 CIP 数据核字(2018)第 117903 号

出版发行	南京大学出版社
社　　址	南京市汉口路 22 号　　　邮编　210093
出 版 人	金鑫荣

书　　名 大学计算机基础实训教程
主　　编 杨长春　薛　磊
责任编辑 吴宜锴　王南雁　　　编辑热线 025 - 83597482

照　　排	南京理工大学资产经营有限公司
印　　刷	常州市武进第三印刷有限公司
开　　本	787×1092　1/16　印张 14.75　字数 380 千
版　　次	2018 年 8 月第 1 版　　2018 年 8 月第 1 次印刷
ISBN	978 - 7 - 305 - 20324 - 4
定　　价	36.80 元

网　　址	http://www.njupco.com
官方微博	http://weibo.com/njupco
官方微信号	njupress
销售咨询热线	(025)83594756

前　言

本书作为一本独立的实验教程,主要用于《大学计算机基础》课程的实践教学,是为了培养和训练学生计算机应用的基本技能,提高综合应用水平而编。本书使用的软件环境是 Windows 7 和 Microsoft Office 2010。

本书在内容设计上,针对学生水平参差不齐的现状,在介绍操作系统和办公软件的基础知识和基本操作的同时,深入浅出地展示了其高级应用知识和操作技能,基本覆盖全国计算机等级考试二级(MS Office 高级应用)的考点;在结构设计上,强调实践性,突出实用性,以项目驱动,把每个软件的知识点和操作要点与实际项目相结合,使学生能学以致用。

本书共由 Windows 7 操作系统、文字处理软件 Word 2010、电子表格软件 Excel 2010、演示文稿制作软件 PowerPoint 2010 等 4 个模块和附录组成。每个模块包含若干项目,每个项目都对应一个学习或工作中的应用场景,包括内容描述和分析、相关知识和技能、操作指导以及实战练习和提高 4 部分。"内容描述和分析"部分介绍项目背景,并分析需要用到的知识和操作技能以及注意点,"相关知识和技能"部分详细介绍该项目涉及的知识和操作技巧,"操作指导"部分给出了完成该项目的具体步骤,"实战练习和提高"部分则要求学生自行完成一个类似项目,从而形成"学—练—用"相结合的学习模式。附录部分介绍了 MAC 操作系统的基本用法以及虚拟机的安装,满足部分使用 MAC 操作系统的学生的需求。

编者建议"内容描述和分析"以及"相关知识和技能"部分的内容可以让学生自学自练,"操作指导"部分在课堂完成,任课教师可以讲解演示重难点,"实战练习和提高"部分可以作为课外作业。

本书由杨长春、薛磊主编,向艳、谢慧敏、丁辉和方骥参加编写。其中谢慧敏编写模块一,向艳编写模块二,薛磊编写模块三,丁辉编写模块四,方骥编写附录。全书由薛磊统稿,杨长春审核。由于编者水平有限,时间仓促,书中不足和疏漏之处,敬请批评指正。

编　者
2018 年 6 月

目 录

模块 1 Windows 7 操作系统

操作系统是控制和管理计算机系统资源、方便用户操作的最基本的系统软件,它负责对计算机的硬件和软件资源进行统一管理、控制、调度和监督,使其能充分有效地得以利用,任何其他软件都必须在操作系统的支持下才能运行。

Windows 7 是由微软公司(Microsoft)开发的操作系统,可供家庭及商业工作环境、笔记本电脑、平板电脑、多媒体中心等使用。Windows 7 操作系统为满足不同用户人群的需要,开发了 6 个版本,分别是 Windows 7 Starter(简易版)、Windows 7 Home Basic(家庭基础版)、Windows 7 Home Premium(家庭高级版)、Windows 7 Professional(专业版)、Windows 7 Enterprise(企业版)和 Windows 7 Ultimate(旗舰版)

和 Windows 以前的版本相比,Windows 7 有了较大的变革,新增了许多特色功能。

(1) 更个性化的桌面

Windows 7 取消了侧边栏,各种小插件可以自由地放置在桌面的各个角落,呈现更加直观和个性化的视觉效果。此外,Windows 7 中内置主题包还可以让用户根据喜好自由选择定义,如自己喜欢的壁纸、颜色、声音和屏保等等。

(2) 更强大的多媒体功能

Windows 7 具有远程媒体流控制能力,能够帮助用户解决多媒体文件共享的问题。它支持从家庭以外的 Windows 7 个人电脑安全地通过远程互联网访问家里 Windows 7 系统中的数字媒体中心。此外,Windows 7 中的 Windows Media Center 不但可以让用户轻松管理电脑硬盘上的音乐、图片和视频,更是一款可定制化的个人电视。

(3) Jump List 功能菜单

Windows 7 推出的新的特色功能 Jump List(跳转列表)用于显示最近使用的项目列表,能帮助用户快速地访问历史记录。

(4) Windows 7 触摸功能

Windows 7 改进了触摸屏体验,使其扩展到计算机的每一个部位,方便用户脱离鼠标和键盘。

(5) 轻松创建家庭办公网络

Windows 7 添加了 Home Group(家庭组)的新功能。通过该功能,用户可以轻松地在多台计算机的家庭组中共享资源。

(6) 实现无线联网更简单

Windows 7 在无线上网设置方面更加简单易行,用户可以随时随地使用便携式电脑连接和查看网络,进一步增强了移动工作的能力。

（7）全面革新的用户安全机制

Windows 7 降低了提示窗口的出现频率，提升了其自带的 Internet Explorer 8 的安全性，诸如 SmartScreen Filter、InPrivate Browsing 和域名高亮等功能让用户在互联网上能够有效地保障自己的安全。

本篇将以 4 个案例为载体，介绍 Windows 7 的使用方法和技巧，帮助大家掌握 Windows 7 操作系统的基本操作，熟练进行文件（或文件夹）的操作，了解操作系统维护和管理的基本内容，为后续内容的学习以及熟练使用个人计算机奠定基础。

【微信扫码】
Win7 项目 1 资源

项目一　文件和文件夹管理

一、内容描述和分析

1. 内容描述

在本书的配套资源中有一个名为"我的实验"的文件夹，其结构如下：

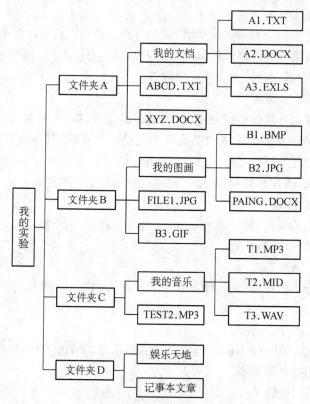

利用资源管理器软件，将其复制到 E 盘根目录下并进行文件和文件夹的系列操作。

2. 涉及知识点

本项目涉及计算机的分区、文件和文件夹、资源管理器、我的文档、库和剪贴板等概念以及相关操作。

3. 注意点

几乎所有的软件默认的安装路径都在 C 盘,计算机用得越久,C 盘被占用的空间就越多。随着时间的增加,系统的反应会越来越慢,所以安装软件时,要根据具体情况改变安装路径。一般小的软件,如 Rar 压缩软件等可以安装在 C 盘,对于大的软件,如 PhotoShop 等就需要安装在其他盘,如 D 盘中。

二、相关知识和技能

1. 计算机的分区

分区用以细化文件的存储和管理。理论上来说,文件可以存放在计算机的任意位置,但是为了便于管理,通常情况下,电脑的硬盘最少也需要划分为 2 个分区:C 盘和 D 盘。2 个盘的功能如下:

● C 盘:主要用来存放系统文件。所谓系统文件,是指操作系统和应用软件中的操作系统部分。这些文件在安装时,一般默认情况下都会被安装在 C 盘,包括常用的程序。

● D 盘:主要用来存放应用软件文件和用户自己的文件。比如用户自己的电影、图片和文档等。

如果硬盘还有多余的空间,可以添加更多的分区,以细化文件的存储和管理。

2. 文件

文件是指计算机中各种数据信息的集合,文档、图片、声音以及程序等都代表着电脑中的某个文件。

在 Windows 7 操作系统中,文件是最小的数据组织单位。

文件打开时,类似于在桌面上或文件柜中看到的文本文档或图片。在计算机中,文件用图标表示,下面是一些常见文件图标,如图 1-1 所示。

图 1-1 文件图标示例

每个文件都有自己唯一的名称,Windows 7 通过文件名来对文件进行管理。文件名由文件主名和扩展名组成,即"文件主名.扩展名"的形式。

文件主名命名规则:

(1) 可以使用字母、数字、下划线、中文等符号,但不能使用"\,/,?,﹡,",>,<,|"等系统保留字符,长度最多可达 256 个字符。

（2）文件名不区分大小写字母，如"abc"和"ABC"是同一个文件名。

（3）同一个文件夹中的文件不能同名，即文件名具有唯一性。

扩展名用于标示文件的类型，是 Windows 7 操作系统识别文件的重要方法。不同的文件类型，往往其图标不一样，查看方式也不一样，只有安装了相应的软件，才能查看文件的内容。因此了解常见的文件扩展名有助于学习和管理文件。

3. 文件夹

文件夹即目录和子目录，用以管理文件。其中，目录被认为是文件夹，而子目录则被认为是文件夹的文件夹（或子文件夹）。为了便于管理磁盘中大量的文件，可以将同一类文件存放在一个文件夹中，或者把一类文件夹（子文件夹或子目录）存放到一个更大的文件夹（父文件夹或父目录）中。

下面是一些典型的文件夹图标，如同 1 - 2 所示。

图 1 - 2　文件夹图标示例

4. 资源管理器

与之前的 Windows 版本一样，Windows 7 操作系统提供了一个重要的文件管理工具——资源管理器。用户可以通过资源管理器查看计算机上的所有资源，从而清晰、直观地对计算机上各式各样的文件和文件夹进行管理。

打开资源管理器的方式有如下 4 种，前 3 种是比较快捷的访问方式：

● 在桌面上双击"计算机"图标。

● 鼠标右键单击桌面左下角的"开始"按钮，在快捷菜单中选择"打开 Windows 资源管理器"选项。

● 按下键盘上的【Windows】+【E】组合键。

● 在"开始"菜单中，选择"所有程序"→"附件"→"Windows 资源管理器"。

> **说明：**① 双击桌面上的"计算机"图标与打开"资源管理器"是统一的。② 双击任何一个文件夹，系统都会通过资源管理器打开并显示该文件夹的内容。

5. 我的文档

在 Windows 7 操作系统中有一个系统文件夹——我的文档，这是系统为每个用户建立的文件夹，主要用于保存文档、图形，当然也可以保存其他任何文件。对于常用的文件，用户可以将其放在"我的文档"中，以便于及时调用。在 Windows 7 操作系统中，有用户的"我的文档"和公用的"我的文档"两种类型。

默认情况下，用户自动下载的文件都会被保存在相应用户的"我的文档"中，用户可以根据需要设置文件的自动保存位置为公用的"我的文档"，这样可以实现多用户的共享文件功能。操作步骤如下：

① 单击桌面左下角的"开始"按钮，在弹出的菜单中单击"文档"命令，打开"我的文档"窗口。

② 在"我的文档"窗口中任意空白区域单击鼠标右键，在弹出的快捷菜单中选择"属性"命令，打开"文档属性"对话框。

③ 在"文档属性"对话框中选择"公用文档"选项，单击"设置保存位置"按钮，然后单击"确定"按钮完成共享文件的操作。

6. 库

树状结构的文件夹是目前微型计算机操作系统的流行文件管理方式，它结构层次分明，容易被用户理解。但是这种分类方式无法满足文件之间复杂的联系，随着用户文件数量越来越多，需要在文档目录之间来回切换，管理起来十分麻烦。

Windows 7 系统提供了新的文件管理方式——库，用来帮助用户有效地管理硬盘上的文件。在某些方面，库类似于文件夹。例如，打开库时可以看到一个或多个文件。但与文件夹不同的是，库作为访问用户数据的首要入口，在组织和访问文件时，不管其存储位置如何，它可以收集不同位置的文件，将其显示为一个集合，而无须从其存储位置移动这些文件。也就是说"库"实际上不存储文件，而同一个文件夹下保存的文件都是存储在同一个位置的。

（1）Windows 7 库的组织

Windows 7 默认的库有 4 个：文档库、图片库、音乐库和视频库。

● 文档库：使用该库可以组织和排列字处理文档、电子表格、演示文稿以及其他与文本有关的文件。默认情况下，文档库的文件都存储在"我的文档"文件夹中。

● 图片库：使用该库可以组织和排列如从照相机、扫描仪等中获取的数字图片。默认情况下，图片库的文件都存储在"我的图片"文件夹中。

● 音乐库：使用该库可以组织和排列如从 CD、DVD 或者网络上获取的数字音频。默认情况下，音乐库的文件都存储在"我的音乐"文件夹中。

● 视频库：使用该库可以组织和排列如从摄像机、数字相机或网络上获取的视频。默认情况下，视频库的文件都存储在"我的视频"文件夹中。

（2）创建新库

用户除了可以使用 4 个默认库外，还可以根据需要创建新库。创建新库的步骤如下：

① 单击"开始"按钮，单击用户名，用以打开个人文件夹，然后单击左窗格中的"库"。

② 在"库"中的工具栏上单击"新建库"。

③ 键入库的名称，然后按 Enter 键。

若要将文件复制、移动或保存到库，则必须首先在库中建立一个文件夹，以便让库知道存储文件的位置，该文件夹将自动成为该库的"默认保存位置"。

（3）添加文件到库

将不同位置的文件夹包含到库可以使用下面两种方法之一：

方法一：打开"资源管理器"，在导航窗格中，找到要包含的文件夹，单击该文件夹，在工具栏中，单击"包含到库中"按钮，在下拉列表中，单击要包含的库即可。如图 1-3 所示。

方法二：打开"资源管理器"，选择要添加到库的文件夹，单击鼠标右键，在弹出的快捷菜单中选择"包含到库中"菜单命令,选择要包含的库即可。

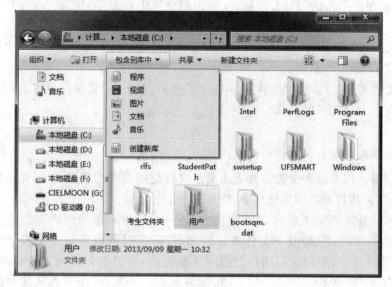

图 1-3 添加文件到库

(4) 从库中删除文件夹

当不再需要库中的文件夹时,可以将其删除。从库中删除文件夹时,不会删除原始位置中的文件夹及其内容。具体步骤如下:

① 打开"Windows 资源管理器"窗口,在左窗格中单击要从中删除文件夹的库,如"程序"。

② 在库窗格(文件列表上方)中,单击"位置",如图 1-4 所示,打开"程序库"对话框。

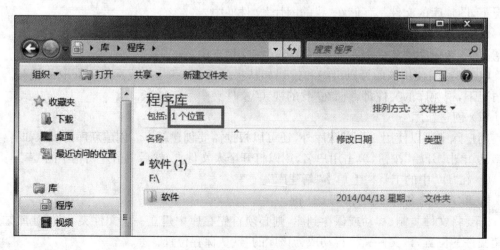

图 1-4 库窗格

③ 在对话框中,选择要删除的文件夹,单击"删除"按钮,然后继续单击"确定"按钮,如图 1-5 所示。

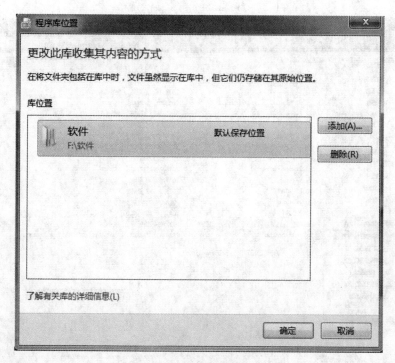

图 1-5　删除库文件夹

7. 剪贴板

大多数程序允许用户在它们之间共享文本和图像。复制信息时,信息将存储在一个称为"剪贴板"的临时存储区域,用户可以从该区域将其粘贴到文档中。

剪贴板是 Windows 中的一个重要概念和操作。它是内存中的一块区域,提供了不同应用程序间传递信息的一种有效方法,其作用是暂时存放用户指定的信息,以便进行信息的复制、移动、删除等,其容量根据实际需要由系统自动调整。一旦退出系统,剪贴板中的内容便消失。

三、操作指导

将"Win7 项目 1 资源. rar"文件下载到 E 盘并解压缩,得到名为"我的实验"的文件夹,按以下步骤操作。

1. 启动资源管理器,浏览 C 盘的文件与文件夹

(1)在桌面上双击"计算机"图标,启动"Windows 资源管理器"。

"Windows 资源管理器"打开后窗口分为左右两部分:左侧窗格中显示文件夹树,右侧窗格中显示活动文件夹中的文件夹,如图 1-6 所示。

(2)用鼠标单击"Windows 资源管理器"左侧窗格中 C 盘驱动器图标。

● 文件夹树的展开和折叠

当文件夹左侧显示"▷"号,表明该文件夹下有子文件夹,单击"▷"号展开对象。

当文件夹左侧显示"◢"号,表明该文件夹已被完全展开,单击"◢"号收缩对象。

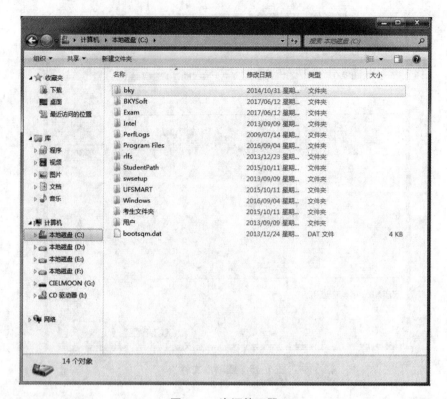

图 1－6　资源管理器

● 文件或文件夹显示方式的改变

使用下列方法之一,改变文件或文件夹的显示方式。

方法一:单击工具栏中的"视图"按钮的左侧,使得文件和文件夹的显示方式在5个不同的视图之间循环切换:大图标、列表、"详细信息"视图、"图块"视图和"内容"视图。

方法二:单击"视图"按钮右侧的箭头,在下拉列表中则有更多选择。

方法三:在文件夹右窗格的空白区域右击鼠标,在弹出的快捷菜单中单击"查看"菜单命令,也可以改变文件或文件夹的显示方式。

2. 创建文件、文件夹

在"我的实验"文件夹中新建文件夹"临时文件",并在其中创建文本文件"myf1",输入自我介绍。

(1) 选择新建文件夹的存放位置。在"Windows 资源管理器"左侧窗格中单击 E 盘的"我的实验"文件夹,此时右窗格中将显示"我的实验"文件夹下的所有内容。

(2) 在以下两种方法中任选其一新建文件夹。

方法一:单击菜单栏上的"新建文件夹"菜单项。

方法二:在右窗格的空白处右击鼠标,在弹出的快捷菜单中选择"新建"→"文件夹"。

此时,在右侧窗口中出现一个名为"新建文件夹"的新文件夹。如图 1－7 所示。

(3) 输入一个新名称"临时文件",然后按【Enter】键或者单击文件名外的任一位置。

(4) 在"Windows 资源管理器"左窗格中单击"临时文件"文件夹或者在右窗格中双击"临时文件夹"文件夹,选择新建文件的存放位置。

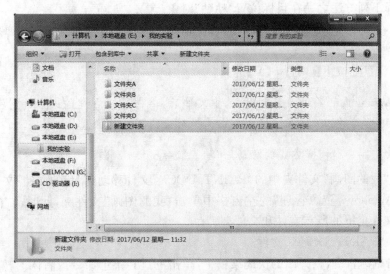

图 1-7 新建文件夹

（5）新建文本文件。在右窗格的空白处右击鼠标，在弹出的快捷菜单中选择"新建"→"文本文档"。此时在右窗口中出现一个名为"新建文本文档"的新文档，继续输入"myf1"，然后按回车键或者单击该方框外的任一位置，则新文本文档"myf1"就建好了。

（6）在"myf1"中输入内容并保存。鼠标双击文档名"myf1"，系统自动运行记事本程序打开该文档，在光标位置输入自我介绍，内容自拟；单击"文件"菜单中的"保存"命令，将文档存盘；单击右上角的"关闭"按钮或者选择"文件"菜单中的"退出"命令，退出记事本。

3. 文件、文件夹和快捷方式的复制

将 E 盘 "我的音乐"中首字母为 T 的所有文件复制到"娱乐天地"文件夹中。

（1）在"Windows 资源管理器"中，选择 E 盘下"文件夹 C"中的"我的音乐"文件夹，右窗格中显示"我的音乐"文件夹下所有文件和文件夹。

（2）选中"我的音乐"文件夹中首字母为 T 的所有文件。在"Windows 资源管理器"的右窗格中，单击"我的音乐"文件夹中第一个首字母为 T 的文件（如 T1. MP3），再按住【Shift】键不放，单击最后一个首字母为 T 的文件（如 T3. WAV），选中的文件以蓝色显示。

> 说明：① 选择单个文件或文件夹，单击该文件或文件夹即可。② 选择连续的多个文件或文件夹，可先单击第一个文件，然后按住【Shift】键，同时单击要选择的最后一个文件，则中间所有的文件均被选中。③ 选择间隔的多个文件或文件夹，可按住【Ctrl】键的同时，使用鼠标逐个单击要选择的文件或文件夹。

（3）选择下列方法之一将该对象复制到 Windows 的剪贴板。

方法一：单击鼠标右键，在弹出的快捷菜单中，单击"复制"命令。

方法二：键盘上按下【Ctrl】+【C】键。

（4）在"Windows 资源管理器"左窗格中，单击"娱乐天地"文件夹，此时选中新的存放位置（目标位置）。

（5）选择下列方法之一在目标位置"粘贴"对象。

方法一：在"Windows 资源管理器"的右窗格空白区域单击鼠标右键，在弹出的快捷菜单中，单击"粘贴"命令。

方法二：键盘上按下【Ctrl】+【V】键。

> **说明**：从硬盘向可移动盘复制时，选中文件后，单击鼠标右键，在弹出的快捷菜单中单击"发送到"菜单命令，再在下级菜单中选择对应的可移动磁盘。

4. 文件、文件夹和快捷方式的移动

将 E 盘 "我的图画"文件夹中的"PAINT. DOCX"文件移动到"我的文档"文件夹中。

（1）在"Windows 资源管理"的左窗格中单击"我的图画"文件夹，此时，右窗格中显示"我的图画"文件夹下的所有文件和文件夹。

（2）选中"PAINT. DOCX"文件。

（3）单击鼠标右键，在弹出的快捷菜单中，单击"剪切"菜单命令或者同时按下【Ctrl】+【X】键，将该文件剪贴到 Windows 的剪贴板上。

（4）在"Windows 资源管理器"的左窗格中，单击新的存放位置"我的文档"文件夹，目标位置"粘贴"对象，方法同文件和文件夹的复制操作。

> **说明**：移动文件也可以通过鼠标的拖动完成。①打开包含要移动的文件的文件夹。②在其他窗口中打开目标文件夹，将两个窗口并排置于桌面。③用鼠标从第一个文件夹里将文件拖动到第二个文件夹中。如果在拖动时，同时按住【Ctrl】键，可完成文件的复制操作。

5. 文件、文件夹和快捷方式的删除

将 E 盘"文件夹 C"中名为"TEST2. MP3"的文件删除。

（1）在"Windows 资源管理器"的左窗格中单击"文件夹 C"文件夹。

（2）在右窗格中选中"TEST2. MP3"文件。

（3）单击鼠标右键，在弹出的快捷菜单中，单击"删除"命令；或者键盘上按下【Del】键，出现确认删除对话框，如图 1-8 所示。

图 1-8 删除对话框

（4）在对话框中，单击"是"按钮或【Enter】键，表示执行删除；单击"否"按钮或【Esc】键，表示取消删除。

说明：执行"删除"命令删除硬盘上的文件、文件夹和快捷方式时，是将其放入回收站中，并没有真正删除，真正删除应选择"清空回收站"；若发生误删除操作，可通过回收站的"还原"命令恢复；若删除的是可移动磁盘上的文件或文件夹，则不能恢复。

6. 文件、文件夹和快捷方式的重命名

将 E 盘"文件夹 A"中名为"XYZ.DOCX"的文件重名为"YYY.DOCX"。

（1）在"Windows 资源管理器"的左窗格中单击"文件夹 A"文件夹。

（2）在右窗格中选中文件"XYZ.DOCX"，单击鼠标右键，在弹出的快捷菜单中单击"重命名"命令，此时文件名"XYZ.DOCX"呈反白显示。

（3）输入新的文件名"YYY.DOCX"，然后按【Enter】键。

说明：① 正在使用的文件不能重命名；② 选择需要更名的文件，两次（不是双击）单击文件名，此时文件名显示为可写状态，可进行重命名操作；③ 显示隐藏的文件或文件夹，可在"Windows 资源管理器"中，单击"文件夹选项"，选择"显示所有文件或文件夹"，如果想显示文件扩展名，可取消"隐藏已知文件类型的扩展名"复选框。

7. 建立文件、文件夹的快捷方式

在 E 盘根目录下建立一个"临时文件"文件夹的快捷方式，快捷方式的名称为"临时文件 123"。

（1）在"Windows 资源管理器"左窗格中单击 E 盘驱动器图标。

（2）在"Windows 资源管理器"右窗格空白区域单击鼠标右键，在弹出的快捷菜单中，单击"新建"菜单命令。

（3）在"新建"子菜单中单击"快捷方式"命令，弹出"创建快捷方式"对话框。

（4）在光标处输入需创建快捷方式的对象名及其完整的路径，此处输入"E:\我的实验\临时文件"，然后按下【Enter】键或用鼠标单击"下一步"按钮，如图 1-9 所示。

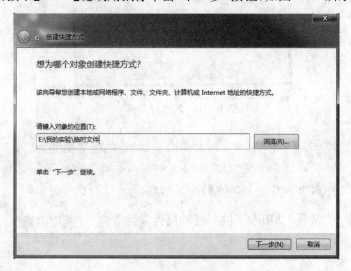

图 1-9 创建快捷方式

（5）在光标处输入快捷方式的名称"临时文件123"，按下【Enter】键或者单击"完成"按钮，则文件夹"临时文件"的快捷方式创建完毕。

> **说明**：创建快捷方式，也可以先选中一个文件或文件夹，然后单击鼠标右键，在弹出的快捷菜单中单击"创建快捷方式"命令，则在当前位置创建了该文件或文件夹的快捷方式。此时，该快捷方式具有默认的名称，可以用前面讲的方法给其重新命名和移动位置。

8. 文件、文件夹和快捷方式属性的修改

将E盘"文件夹A"中首字母为A的所有文件和所有文件夹的属性设置为"只读"。

在Windows中，文件、文件夹和快捷方式通常具有"只读"、"隐藏"和"存档"等属性，用户可以在"Windows资源管理器"中修改其属性。操作步骤如下：

（1）在"Windows资源管理器"中选中"文件夹A"中所有首字母为A的文件。

（2）单击鼠标右键，在弹出的快捷菜单中，单击"属性"菜单命令，打开"属性"对话框，如图1-10所示。

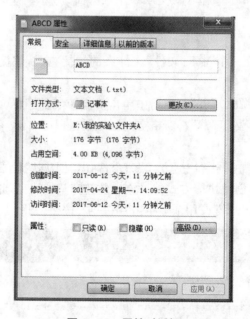

图1-10　属性对话框

> **说明**：①"常规"选项卡中可以看到文件的基本信息；②"安全"选项卡中可以设置计算机每个用户的权限；③"详细信息"选项卡中可以查看文件的详细信息；④"以前的版本"选项卡下可以查看文件早期版本的相关信息。

（3）用鼠标单击"常规"选项卡下的"只读"属性前的方格，使其中出现"√"。

（4）单击"确定"按钮，新属性生效。

9. 文件和文件夹的查找

在C盘中搜索扩展名为".txt"的文件，任意复制2个到"记事本文章"文件夹中。

（1）打开"Windows 资源管理器"。

（2）在窗口顶部左侧的搜索筛选器中指定路径"本地磁盘（C:）"。

（3）在窗口顶部右侧的搜索框中输入"＊.txt"，然后按下 Enter 键。

（4）在右窗格的搜索结果中选中任意两个文件，复制到"记事本文章"文件夹中。

> **说明**：查找文件时，可以使用通配符"?"和"＊"来帮助搜索：①"＊"表示零个或多个任意字符。例如，"H＊"表示以字母 H 开头的任意文件，可以表示"HABC"，也可以表示"H8H"等。②"?"表示一个任意字符。例如，"C?C"表示文件名由三个字符构成，以 C 开头，以 C 结尾，可以表示"COC"，也可以表示"CTC"等。

10. 文件和文件夹的压缩与解压缩、密码保护

将 E 盘"我的实验"文件夹压缩为"我的实验.zip"文件，设置压缩文件密码为"123"。

利用 Windows 的 ZIP 压缩功能可以将一个文件或文件夹压缩成一个文件，这样既方便了文件管理，也节省磁盘空间。当再次使用时将其解压即可。

（1）在"Windows 资源管理器"中选中"我的实验"文件夹，单击鼠标右键，在弹出的快捷菜单中选择"发送到"→"压缩文件夹"菜单项，如图 1-11 所示。

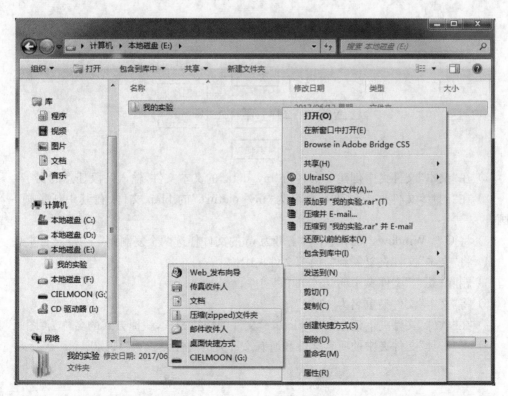

图 1-11 压缩文件或文件夹

（2）弹出"正在压缩"对话框，并显示压缩的进度。压缩完成就可以看到创建的压缩文件。

（3）双击打开压缩文件夹，选择"文件"→"设置默认密码"菜单项，弹出"输入默认密码"对话框，如图 1-12 所示。

图 1-12 添加密码

（4）输入密码"123"，单击"确定"按钮，完成密码的设定操作。

以后再次打开 ZIP 文件夹中的文件时，会弹出"需要密码"对话框，只有输入正确的密码才能将其打开。

四、实战练习和提高

在 U 盘建立如下的文件夹结构：

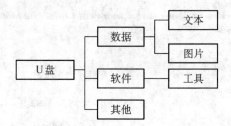

（1）在"文本"文件夹中创建一个名为"my_data"的文本文件，输入一段任意的文字。

（2）在"图片"文件夹中创建一个名为"my_picture"的 bmp 文件，在其中任意画一幅图画。

（3）将 C 盘 Windows 文件夹中首字母为 m 的文件任选两个复制到"工具"文件夹中。

（4）将"文本"文件夹复制到"其它"文件夹中。

（5）删除"其它"文件夹中的"my_data"文件。

（6）将"文本"文件夹重名为"文档"。

（7）在"软件"文件夹下建立"my_picture"文件的快捷方式，快捷方式的名称为"图画"。

（8）将"工具"文件夹中的所有文件和所有文件夹的属性设置为"只读"。

项目二　操作系统的管理和维护

一、内容描述和分析

1. 内容描述

本项目完成操作系统的管理和维护操作。主要包括：

(1) 利用系统监视器查看系统内存、磁盘、CPU、网络等运行情况。

(2) 利用任务管理器查看系统运行状态，管理应用程序和计算机进程。

(3) 设置用户账户和组。

(4) 设置个性化的桌面。

(5) 磁盘碎片收集，优化磁盘空间。

2. 涉及知识点

本项目涉及控制面板、任务管理器、用户账户和组、桌面、磁盘碎片等概念以及相关操作。

3. 注意点

在使用 Windows 7 的过程中，应注意主动运用系统提供的各种功能管理好计算机。Windows 7 提供了控制面板集成众多管理工具，方便计算机软硬件的管理；提供任务管理器来监视计算机的性能；提供磁盘碎片清理功能用于提高系统运行效率；此外，还提供了对用户的管理功能，提高系统的安全性。

二、相关知识和技能

1. 控制面板

Windows "控制面板"提供了一组特殊用途的管理工具，使用这些工具可以配置 Windows、应用程序和应用环境。用户也可以进行系统设置来调整 Windows 的操作环境。

2. 任务管理器

任务管理器提供正在计算机上运行的程序和进程的相关信息，显示最常用的度量进程性能的单位。任务管理器是监视计算机性能的关键指示器，可以查看正在运行的程序的状态，并终止已停止响应的程序，还可以使用多达 15 个参数评估正在运行的进程，查看反映 CPU 和内存使用情况的图形和数据。此外，如果与网络连接，则可以查看网络状态，了解网络的运行情况。如果有多个用户连接到用户的计算机，可以看到谁在连接，他们在做什么，还可以给他们发送消息。

3. 用户账户和组

用户账户和组的管理是 Windows 提高计算机安全性的策略。通过对"本地用户和组"的管理，可以为用户和组指派权利和权限，从而限制了用户和组执行某些操作的能力。如多个用户共用一台计算机,通过设置用户账户,可以实现各自资源分别存储,每一个用户都只能看到属于自己或共享的资源。

4. 桌面

桌面是显示窗口、图标、菜单和对话框的屏幕工作区域。桌面主要包括以下 4 个元素,即桌面主题、桌面背景、屏幕的特性以及屏幕保护程序。Windows 7 允许用户根据个人喜好来制定桌面各个元素的显示风格或者桌面元素的内容。

5. 磁盘碎片

在硬盘刚刚使用时,文件在磁盘上的存放位置基本是连续的,随着用户对文件的修改、删除、复制或者保护新文件等频繁的操作,磁盘上会留下许多不连续的空闲小段,这些小的空闲段就被称为磁盘碎片。

当出现很多零散的空间和磁盘碎片时,若执行保存文件操作,将会出现一个文件分布于多个不连续磁盘空间的现象,访问该文件时,系统就需要到不同的磁盘空间中去寻找该文件的不同部分,从而影响了运行的速度。因此,为了提高磁盘文件访问速度,常需对磁盘碎片的分布状况进行分析,重新安排文件在磁盘中的存储位置,同时合并可用空间。

三、操作指导

1. 用系统监视器查看系统内存、磁盘、处理器、网络等的运行

(1) 单击"开始"按钮,选择"控制面板"命令,打开控制面板窗口。

(2) 在"控制面板"窗口中,双击"管理工具"图标,打开如图 1 - 13 所示的窗口。

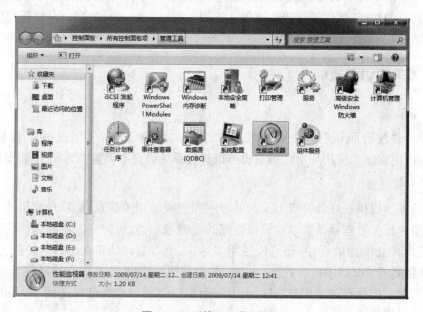

图 1 - 13 "管理工具"窗口

(3) 双击"性能监视器"图标,打开"性能监视器"窗口,如图 1 - 14 所示。选择"性能监视器"窗口左窗格的"性能监视器"选项,可以看到右侧的窗格中出现了系统内存、磁盘和CPU 的使用情况。

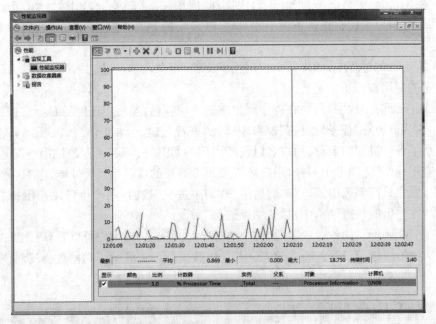

图 1-14 "性能监视器"窗口

2. 利用任务管理器查看系统运行状态,管理应用程序和计算机进程

(1) 用鼠标右击任务栏空白处,在弹出的快捷菜单中,选择"启动任务管理器"命令,打开如图 1-15 所示的窗口。

图 1-15 "任务管理器"窗口

说明:也可以按【Ctrl】+【Alt】+【Del】组合键,打开任务管理器。

（2）在 Windows"任务管理器"窗口中选择"应用程序"选项卡，如图 1-15 所示。用户在该选项卡中可以关闭正在运行的应用程序，或者切换到其他应用程序以及启动新的应用程序。

在系统运行的过程中，如果某个应用程序出错，很久没有响应，用户便可以关闭该应用程序，让别的应用程序正常运行。

要关闭一个应用程序，只要在程序列表中选中该程序，然后单击"结束任务"按钮。

（3）在 Windows"任务管理器"窗口中选择"进程"选项卡，如图 1-16 所示。在此选项卡中，显示了各个进程的名称、用户名以及所占用的 CPU 时间和内存的使用情况。

同"应用程序"选项卡中一样，用户可以关闭不必要的或者已经停止响应的进程，要关闭某一进程，用户只需要选中该进程，然后单击"结束进程"按钮，用户也可以用鼠标右击要结束的进程，在弹出的快捷菜单中执行"结束进程"命令。

（4）在 Windows"任务管理器"窗口中选择"性能"选项卡，用户可以看到 CPU 的使用情况、页面文件的使用记录等各项参数，其中，还以数据的形式显示了句柄数、线程数和进程数等数据。

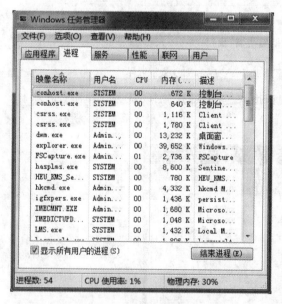

图 1-16 "进程"选项卡

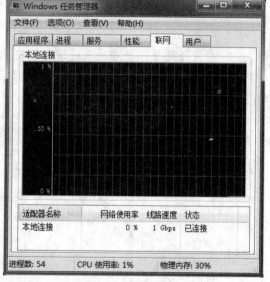

图 1-17 "进程"选项卡

（5）在 Windows"任务管理器"窗口中选择"联网"选项卡，如图 1-17 所示。在该选项卡中，显示网络的连接速度以及使用情况。

3. 设置用户账户和组

（1）以计算机管理员的身份登录打开"控制面板"窗口，双击"用户账户"图标，打开如图 1-18 所示的"用户账户"窗口。

（2）在"用户账户"窗口中，选择"管理其他账户"命令，在弹出的"管理帐号"窗口中，再选择"创建一个新账户"命令，弹出如图 1-19 所示的对话框。

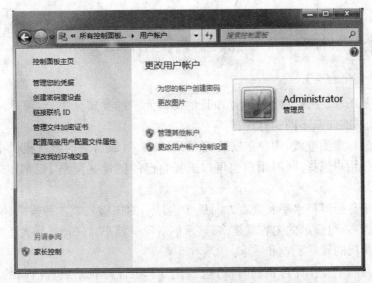

图 1-18 "用户账户"窗口

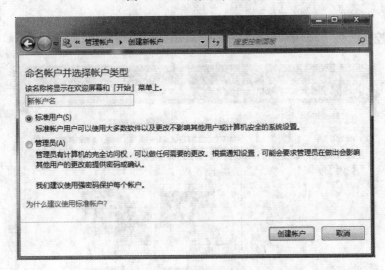

图 1-19 创建新帐户

（3）输入新的用户账户的名称，设置新账户用户类型，主要分为"管理员"和"标准用户"两种。单击"创建账户"按钮，完成新账户的创建。

用户可以在"管理账户"窗口中看到新建的账户。有了用户账户，用户可以自定义 Windows 和桌面的外观形式，可以拥有自己喜爱的站点和最近访问过的站点列表，保护重要的计算机设置，拥有自己的"我的文档"文件夹并使用密码保护私有的文件等。

> **说明**：组是用户账户的集合，用来给一组用户账户分配权限以简化组的管理。新建组的步骤如下：
>
> ①选择"开始"→"控制面板"→"管理工具"→"计算机管理"选项，打开"计算机管理"窗口。

②选择"本地用户和组"→"组"选项,单击"操作"下列菜单中的"新建组"命令。

③在"新建组"对话框中输入组名、描述等资料,添加成员。

4. 设置个性化的桌面

桌面主题是图标、字体、颜色、声音和其他窗口元素的预定义集合,通过一定的组合设置,它能使桌面具有与众不同的外观。

桌面背景又称桌面壁纸,用户在安装完 Windows 7 以后,它会默认提供很多种风格的桌面壁纸图片供用户选择,同时用户也可以选择自己的图片甚至是 HTML 文件来作为桌面的背景。

屏幕分辨率是指屏幕水平和垂直方向最多能显示的像素点数。分辨率越高,说明屏幕中的像素点就越多,可显示的内容就越多,显示的对象就越小。选择哪种大小的分辨率主要取决于用户计算机的硬件配置和需求。

当用户长时间不操作计算机的时候,应该让计算机保持较暗或者活动的画面,以保护屏幕。

(1)选择"开始"→"控制面板"命令,打开"控制面板"窗口。

(2)在"控制面板"窗口中,单击"个性化"选项,打开"个性化"窗口,如图 1-20 所示。

图 1-20 创建新帐户

(3)在下拉列表框中,用户可以选择自己喜爱的桌面主题。

(4)单击下方的"桌面背景"命令,打开"选择桌面背景"窗口,如图 1-21 所示。在"背景"列表框中选择一个背景文件,例如选择一个背景文件 Ascent,图片位置选择"拉伸",单击"保存修改"按钮,回到桌面即可看到效果。

(5)单击下方的"屏幕保护程序"命令,打开如图 1-22 所示的对话框。

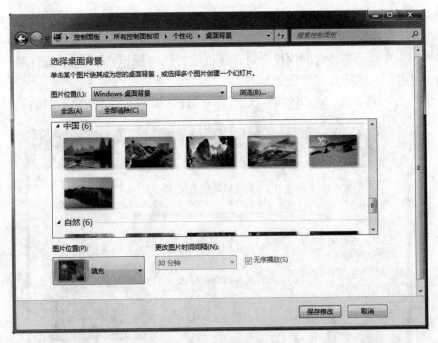

图 1-21　选择桌面背景

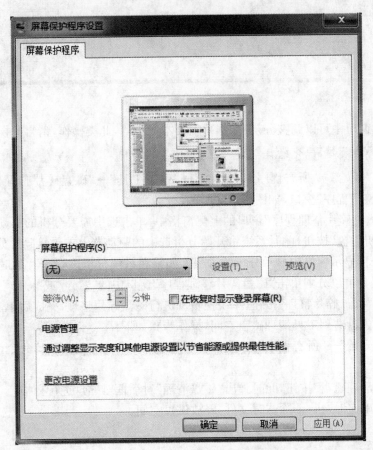

图 1-22　"屏幕保护程序"对话框

（6）在"屏幕保护程序"选项组的下拉列表框中选一个保护程序,如"彩带"。

（7）在"屏幕保护程序"选项卡的"等待"文本框中,单击上下箭头可以改变等待时间的长短,即当用户在这个等待时间内没有对计算机进行任何操作,屏幕保护程序将自动运行。单击"确定"按钮,完成屏保程序设置。

（8）单击"个性化"窗口左下角的"显示"命令,打开如图1-23所示的对话框。

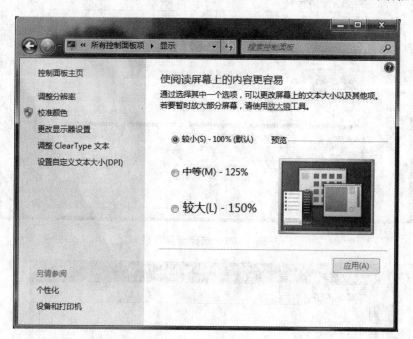

图1-23 "显示"窗口

（9）在此窗口中可以调整分辨率、屏幕上文本大小等,此类操作,请自行探索。

5. 磁盘碎片收集,优化磁盘空间

（1）选择"开始"→"所有程序"→"附件"→"系统工具"→"磁盘碎片整理程序"命令,打开"磁盘碎片整理程序"窗口,如图1-24所示。

（2）在"磁盘碎片整理程序"窗口的上侧窗格中,单击选中需要分析的驱动器,然后单击窗口中的"分析磁盘"按钮,此时系统将开始分析选中的驱动器上的磁盘碎片分布情况,并在右侧中间的分析显示窗格中显示分析的过程。如果在系统分析磁盘碎片的时候,用户想暂停或者终止任务可以分别单击"磁盘碎片整理程序"窗口中的"暂停"或"停止"按钮。

（3）单击"磁盘碎片整理"按钮,系统便自动进行磁盘碎片整理,完成后单击"关闭"。

（4）使用磁盘清理工具清理磁盘空间,操作步骤如下:

① 选择"开始"→"所有程序"→"附件"→"系统工具"→"磁盘清理"命令,打开"磁盘清理"窗口。

② 单击"清理磁盘"按钮,此时弹出"磁盘清理"对话框对磁盘进行扫描。

③ 单击"确定"按钮,清除临时文件,释放磁盘空间。

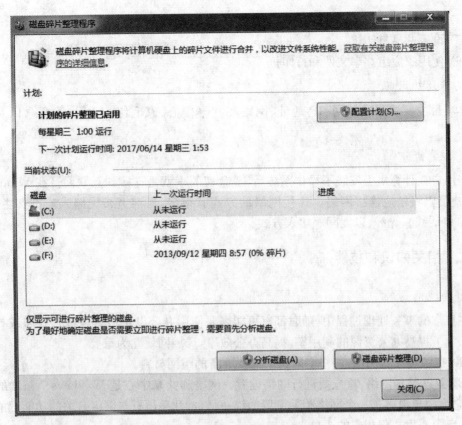

图 1-24 "磁盘碎片整理程序"窗口

四、实战练习和提高

(1) 利用任务管理器查看计算机系统的运行状态。

(2) 设置自己的个性化桌面。

(3) 利用磁盘碎片整理工具对自己的 U 盘进行碎片整理。

项目三　网络的连接与家庭组

一、内容描述和分析

1. 内容描述

本项目的主要内容包括:

(1) 设置 ADSL 宽带上网。

(2) 设置路由器。

(3) 配置 IP 地址。

（4）设置共享公用文件夹。

（5）设置共享打印机。

（6）使用家庭组共享文件和打印机。

2. 涉及知识点

本项目主要涉及局域网、IP 地址、网络和共享中心、家庭组、ADSL 等概念以及相关操作。

3. 注意点

当用户在计算机上安装了操作系统后，最急切的事就是连接到互联网。在 Windows 7 中，用户可以轻松地连接网络。连接网络的方式有很多，目前宽带线路入户类型主要有：ADSL（电话线）、光纤、以太网等接入方式。

二、相关知识和技能

1. 局域网

在日常的事务处理过程中，随时都有可能需要使用办公设备对资料进行打印或扫描等操作。为了提高办公资源的利用率，提高办公效率，局域网就尤为重要。

（1）在组建局域网前，用户必须了解需要准备的组网材料。

（2）要连接到网络，首先要进行网络设置。网络和共享中心是 Windows 7 新增的功能之一，它为用户提供了一个网络相关设置的统一平台，几乎所有与网络有关的功能都能在网络和共享中心里找到相应的入口。

2. IP 地址

IP 地址由 32 位二进制数字组成，8 位为一组，共 4 组，中间用"."分隔。每个 IP 地址由两部分组成：网络标识和主机标识。根据两部分的不同长度，IP 地址分为 5 类，常用的有A、B、C 三类，相应的地址范围如下：

A 类：1. *. *. * ～ 126. *. *. *

B 类：128. *. *. * ～ 191. *. *. *

C 类：192. *. *. * ～ 223. *. *. *

其中，A 类 IP 地址表示少数网络上有众多主机；B 类 IP 地址表示网络和主机分布适中；C 类 IP 地址表示很多网络上有少量主机。

在选择局域网的 IP 地址类型时，应根据局域网中的子网数量及每个子网的规模进行选择。

3. 网络和共享中心

在"控制面板"主页上，单击"网络和共享中心"，在出现的界面上可以看到 Windows 7将与网络相关的向导和控制程序集合在"网络和共享中心"里，包括"设置新的连接或网络"、"连接到网络"、"选择家庭组和共享选项"等选项，如图 1－25 所示。

通过可视化的视图和命令，提供了有关网络的实时状态信息。用户可以查看计算机是否连接在网络或 Internet 上、连接的类型以及对网络上其他计算机和设备的访问权限级别。用户还可以从网络和共享中心找到更多有关网络映射中网络的详细信息。当设置网络或者网络出现问题时，此信息非常有用。

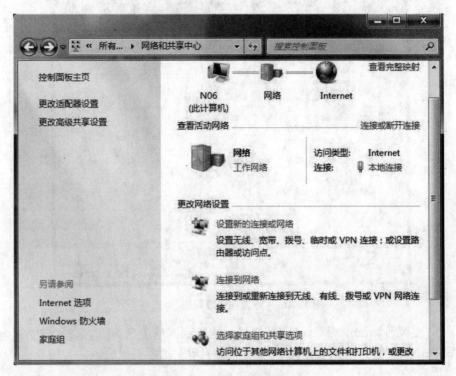

图 1-25　"网络和共享中心"窗口

4. 家庭组

家庭组是以家庭成员为单位组成的、局域网络上可以共享文件和打印机的一组计算机。只要家庭中几台计算机中安装的都是 Windows 7 系统，利用家庭组就可以为这几台计算机搭建一个迷你型的局域网，使共享变得简单、安全。

5. ADSL

ADSL 全称是"Asymmetric Digital Subscriber Line"（非对称数字用户线路），属于 DSL 技术的一种。ASDL 宽带目前是许多家庭上网的主要方式之一，它通过电话线，使用 PPPoE 拨号协议。用户申请 ASDL 宽带业务后，网络服务商会负责安装 ADSL 设备和在 Windows 中进行设置等服务。

三、操作指导

1. ADSL 宽带连接

（1）打开"控制面板"，进入"网络和共享中心"界面后，如图 1-25 所示，单击"设置新的连接或网络"。

（2）在"设置连接或网络"对话框中单击"连接到 Internet"，然后单击"下一步"按钮，如图 1-26 所示。

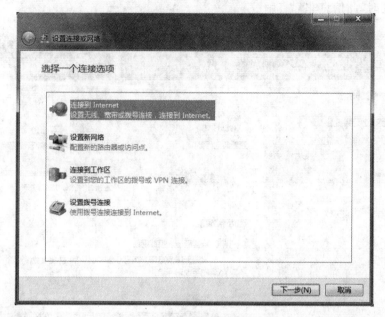

图 1 - 26 "设置连接或网络"对话框

（3）在"连接到 Internet"对话框中，会显示连接到网络上的方式，选择"PPPoE 连接方式"，然后单击该连接方式，出现如图 1 - 27 所示对话框。

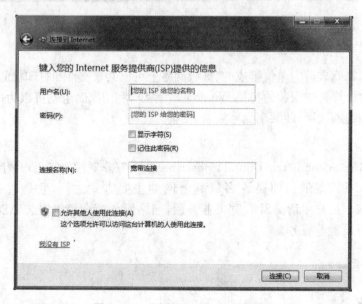

图 1 - 27 "连接到 Internet"对话框

（4）在对话框中，输入 ISP 服务商提供的用户名和密码，单击"连接"按钮，即可成功建立宽带连接。建议勾选"记住此密码"，这样下次连接的时候就不需要重新输入密码了。

2. 无线路由器设置

如果运营商提供的入户线路为光纤,需要配合光纤调制解调器(Modem)使用;如果入户线路为电话线,需要配合 ADSL Modem 使用;如果是中国电信的宽带线路,由运营商或小区宽带通过网线直接给用户提供宽带服务。

要想实现无线局域网上网,首先要设置无线路由器。不同品牌的路由器,其设置方法不同,需要参考该产品的说明书。但默认的内部 IP 地址一般为 192.168.1.1 或 192.168.0.1。在浏览器中输入 IP 地址后,则会打开无线路由器设置窗口,单击右边窗格中的"设置向导",首先选择的是上网方式。如果是 ADSL 拨号上网方式,需要选择 PPPoE;如果是以太网宽带,则可以选择动态 IP 或静态 IP 方式,如图 1-28 所示。

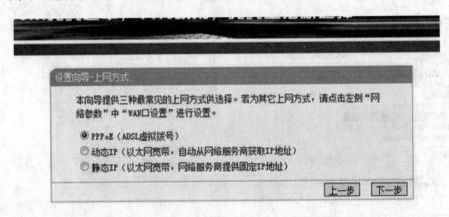

图 1-28 "设置向导—上网方式"对话框

然后按导航提示,输入 ISP 提供的上网账号和口令。接着设置无线网络的路由器参数,如图 1-29 所示。路由器设置完成后,计算机就可以直接上网,不用再使用"宽带连接"来进行拨号了。

图 1-29 "设置向导—无线设置"对话框

3. 配置 IP 地址

如果用户的计算机采用的是以太网宽带入网,一半需要配置静态 IP 地址或者动态 IP 地址。

打开"控制面板",进入"网络和共享中心"界面后,单击左窗格中的"更改适配器设置",将鼠标右键单击"本地连接",在弹出的选项当中,选择"属性"菜单项,如图 1-30 所示,弹出"本地连接属性",然后在"此连接使用下列项目"列表框中选择"Internet 协议版本 4(TCP/IPv4)"复选框。

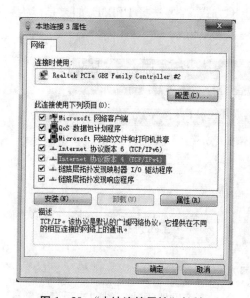

图 1-30 "本地连接属性"对话框

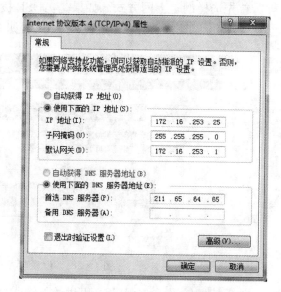

图 1-31 "TCP/IPv4 属性"对话框

单击"属性"按钮,弹出"Internet 协议版本 4(TCP/IPv4)属性"对话框,Windows 7 默认是将本地连接设置为自动获取网络连接的 IP 地址,一般情况使用 ADSL 路由器等都无须修改。

如果需要固定 IP 设置,则选中"使用下面的 IP 地址"和"使用下面的 DNS 服务器地址"单选钮,分别将网络服务商分配的 IP 地址、子网掩码、默认网关和 DNS 服务器地址输入相应的地址框中,然后单击"确定"按钮即可完成配置,如图 1-31 所示。

4. 连接无线网络

目前用户的计算机具有无线网络适配器,且位于网络覆盖范围内时,则可以在任务栏的通知区域中看到一个无线网络图标 。单击该无线网络图标,打开"网络和共享中心",点击左侧控制面板列表下的"管理无线网络",进入如图 1-32 所示界面。在该对话框中,选中一个网络,就可以对它进行删除、上移、重命名等操作。

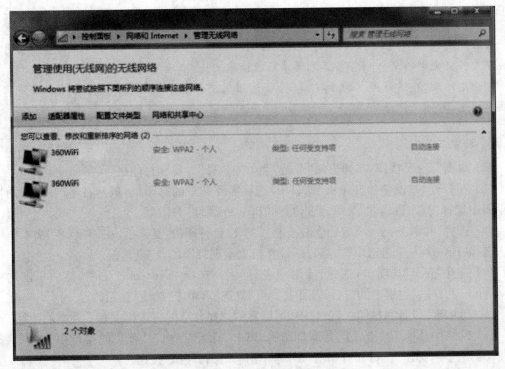

图 1-32 "管理使用无线网络"对话框

5. 设置公用文件夹

（1）共享公用文件夹

在安装 Windows 7 操作系统时，系统会自动创建一个"公用"的用户，同时，还会在硬盘上创建名为"公用"的文件夹。

① 单击桌面右下角的网络图标，在弹出的菜单中单击"打开网络和共享中心"链接。

② 在打开的"网络和共享中心"窗口，单击"更改高级共享设置"链接。

③ 在"高级共享设置"窗口中，单击选中"启动文件和打印机共享"单选项，单击"保存修改"按钮。

同一局域网内的其他用户可以在"计算机"的地址栏中输入计算机名，按下 Enter 键即可访问共享的公用文件夹。

（2）共享任意文件夹

① 选择需要共享的文件夹，单击鼠标右键并在弹出的快捷菜单中选择"属性"菜单命令，打开"属性"对话框。

② 在对话框中，选择"共享"选项卡，单击"共享"按钮，弹出"共享"对话框。

③ 在"共享"对话框中，单击"添加"左侧的向下按钮，选择要与其共享的用户，此处选择每一个用户"Everyone"选项。

④ 单击"添加"按钮，然后单击"共享"按钮。

⑤ 单击"完成"按钮，成功将文件夹设为共享文件夹。

说明：① 任意文件夹可以在网络上共享，而文件不可以，如果想共享某个文件，需要将其放到文件夹中；② 文件夹共享之后，局域网内的其他用户可以访问文件夹，并打开共享文件夹内部的文件，此时，其他用户只能读取文件，不能对文件进行修改。

如要修改，在添加用户的步骤后，选择该组用户并且单击鼠标右键，在弹出的快捷菜单中选择"读/写"选项。

6. 设置共享打印机

(1) 单击"开始"按钮，在弹出的"开始"菜单中选择"设备和打印机"菜单命令。

(2) 在打开的"设备和打印机"窗口中，选择需要共享的打印机，鼠标右击，在弹出的快捷菜单中选择"打印机属性"菜单命令，打开"Printer 属性"对话框。

(3) 选择"共享"选项卡，然后单击选中"共享这台打印机"复选框，在"共享名"文本框中输入名称"Printer"，单击选中"在客户端计算机上呈现打印作业"复选框。

(4) 选择"安全"选项卡，在"组或用户名"列表中选择"Everyone"选项，然后单击选中"Everyone 的权限"类别中的"打印"后的"允许"复选框，单击"确定"按钮。

(5) 返回到"设备和打印机"窗口中，可以看到选择共享的打印机上有了共享的图标。

(6) 网络中其他用户要访问共享打印机，单击"开始"菜单，从弹出的菜单中选择"设备和打印机"选项，弹出"设备和打印机"窗口，单击"添加打印机"按钮。

(7) 打开"添加打印机"对话框，选择"添加网络、无线或 Bluetooth 打印机"选项，单击"下一步"按钮。

(8) 弹出"正在搜索可用的打印机"页面，在"打印机名称"列表中选择搜索到的打印机，单击"下一步"按钮。

(9) 弹出"已成功添加 XXX 上的 Printer"页面，单击"下一步"按钮，单击"完成"按钮。

(10) 返回到"设备和打印机"窗口，即可看到网络打印机"Printer"已成功添加并被设为默认打印机。

7. 使用家庭组

(1) 创建家庭组

在 Windows 7 系统中创建家庭组的方法很简单，首先，在其中一台 Windows 7 计算机上单击"开始"按钮，打开"控制面板"，在"网络和 Internet"下，单击"选择家庭组和共享选项"，或在搜索框中输入"家庭"就可以找到并打开"家庭组"选项。

在"家庭组"窗口中单击"创建家庭组"，然后在出现的新对话框中勾选要共享的项目，如图 1-33 所示。Windows 7 家庭组可以共享的内容很丰富，包括文档、音乐、图片、打印机等，几乎覆盖了计算机中的所有文件。

选择共享项目之后，单击"下一步"，Windows 7 会生成一串无规律的字符，这就是家庭组的密码，如图 1-34 所示。如果忘记或需要修改此密码，可以在"控制面板"的"家庭组"中，单击"查看或修改家庭组密码"。

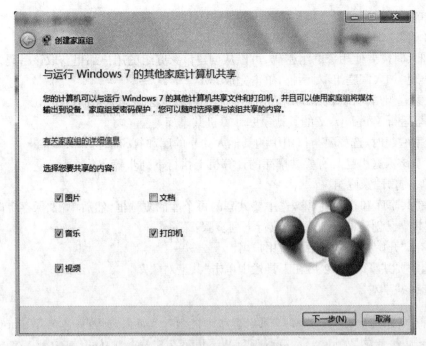

图 1 - 33　"创建家庭组"对话框

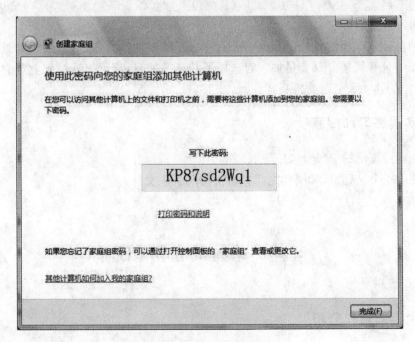

图 1 - 34　"创建家庭组"密码

（2）加入家庭组

想要加入已有的家庭组，同样先从"控制面板"中打开"家庭组"设置，当系统检测到当前网络中已有家庭组时，原来显示"创建家庭组"的按钮就会变成"立即加入"。

在要添加到该家庭组的每台计算机上执行下列步骤：

① 单击打开"家庭组"。

② 单击"立即加入"按钮。

③ 加入时需要使用家庭组密码,可以从创建该家庭组的用户那里获取该密码。

④ 出现"加入家庭组"对话框,单击完成。

加入家庭组后,计算机上的所有用户账户都可以成为该家庭组的成员。

(3)与运行 Windows 7 的其他家庭计算机共享库

设置家庭组时,选择要与该组中的其他人共享的库和打印机。

在属于该家庭组且具有要共享库的计算机上执行下列步骤:

① 单击打开"家庭组"。

② 在"共享库和打印机"下,选中要共享的每个库的复选框,然后单击"保存更改"。

若要共享已创建的其他库,请执行下列步骤:

① 单击"开始"按钮,然后单击用户名。

② 选中要共享的库,然后在工具栏中单击"共享对象"。

③ 选择共享对象。

> **说明:**必须是运行 Windows 7 的计算机才能加入家庭组,所有版本的 Windows 7 都可使用家庭组。在 Windows 7 简易版和 Windows 7 家庭基础版中,可以加入家庭组,但无法创建家庭组。

(4)通过家庭组传送文件

计算机加入家庭组后,展开 Windows 7 资源管理器左侧的"家庭组"目录,就可以看到已加入的所有计算机了。只要是加入时选择了共享的项目,都可以通过家庭组自由复制和粘贴,与本地的移动和复制文件一样。

四、实战练习和提高

(1)查看计算机的 IP 地址,配置局域网 IP。

(2)创建一个家庭组,和同学之间共享文档和音乐文件。

项目四 系统的备份和还原

一、内容描述和分析

1. 内容描述

用户在使用计算机的过程中,有时会不小心删除系统文件,或者系统遭受到病毒与木马的攻击,这些都会导致用户无法进入操作系统或系统崩溃,此时用户就不得不重装系统。如果系统事先进行了备份,那么就可以直接将其还原,以节省时间。本项目完成 Windows 7 操作系统的备份和还原。

2. 涉及知识点

本项目主要涉及系统的备份还原方式、当前时间的系统还原点、系统映像、启动盘等概念和相关操作。

3. 注意点

有些时候，系统虽然能正常运行，但是却经常出现不定期的错误提示，甚至系统修复之后也不能消除这一问题，那么就必须重装系统；有时无法进入操作系统很可能是由于系统文件被损坏，这种情况下，可以提前将引导 Windows 7 的文件复制到 U 盘中，制作一个紧急启动 U 盘，在无法进入系统的时候派上用场。

二、相关知识和技能

1. 系统备份的几种形式

(1) 文件备份：为使用计算机的所有用户创建数据文件的备份。此种备份可以选择备份的内容，如要备份的文件夹、库和驱动器。

(2) 系统映像备份：创建系统映像。系统映像是驱动器的精确映像，包含 Windows 7 的系统设置、程序及文件，通过高度压缩，减少对硬盘空间的占用。此种备份支持一键还原功能，操作起来更简单。

(3) 早期版本备份：通过系统保护来定期创建和保存计算机系统文件和设置的相关信息，将这些文件保存在还原点中，一旦系统遭到病毒或木马的攻击等，致使系统不能正常运行时，可以恢复到创建还原点时的状态。

(4) 系统还原：当计算机运行缓慢或者无法正常工作时，使用"系统还原"和还原点将计算机的系统文件和设置还原到较早的时间点。此种备份可以在不影响个人文件（如文档或照片等）的情况下，撤销对计算机所进行的系统更改。

2. 备份位置的选择

备份的位置取决于可用的硬件以及要备份的信息。一般情况下，为了实现较高的灵活性，建议用户将备份保存在外部大容量存储器中，这样有助于保护备份。此外，用户也可以将备份保存在网络存储空间中。

3. 重装系统

当系统出现以下三种情况之一时，就必须考虑重装系统了：

(1) 系统运行变慢；

(2) 系统频繁出错；

(3) 系统无法启动。

在重装系统之前，用户需要做好充分的准备，以避免重装之后造成数据丢失等严重后果。常见的注意事项有：

(1) 备份数据

在因系统崩溃或出现故障而准备重装系统前，首先应该想到的是备份好自己的数据。

(2) 格式化磁盘

重装系统时，格式化磁盘是解决系统问题最有效的办法，尤其是在系统感染病毒后，最好不要只格式化 C 盘,如果有条件将硬盘中的数据都进行备份或转移,尽量将整个硬盘都进行格式化,以保证新系统的安全。

（3）牢记安装序列号

安装序列号相当于一个人的身份证号,标识安装程序的身份。在重装系统时,如果采用的是全新安装,那么必须使用安装序列号,否则安装过程将无法进行下去。

三、操作指导

1. 开启系统还原

（1）单击桌面左下角的"开始"按钮,在弹出的菜单中选择"控制面板"菜单项,打开"调整计算机的设置"窗口,如图 1-35(左)所示;

（2）在"调整计算机的设置"窗口中,单击"备份和还原"链接,打开"备份和还原"窗口,如图 1-35(右)所示;

 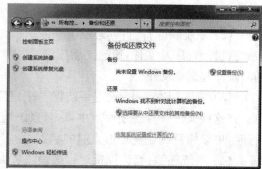

图 1-35　备份和还原文件

（3）在打开的"备份和还原"窗口的右窗格中,单击"恢复系统设置或计算机"链接,打开"将此计算机还原到一个较早的时间点"窗口,如图 1-36 所示,单击"打开系统还原"按钮,即可开启系统还原功能。

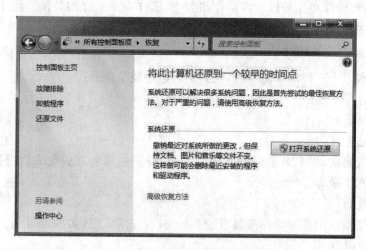

图 1-36　恢复系统设置或计算机

2. 创建系统还原点

（1）单击桌面左下角的"开始"按钮，在弹出的菜单中选择"控制面板"命令，打开"调整计算机的设置"窗口，单击"系统"链接，打开"查看有关计算机的基本信息"窗口，如图1-37所示。

图1-37 查看有关计算机的基本信息

（2）单击左侧窗格中的"系统保护"链接，打开"系统属性"对话框，单击"系统保护"选项卡，在这里用户可以选择列表中的可用驱动器，如图1-38所示。

（3）单击"本地磁盘(C:)(系统)"驱动器，然后单击"配置"按钮，打开"系统保护本地磁盘(C:)"对话框，如图1-39所示。

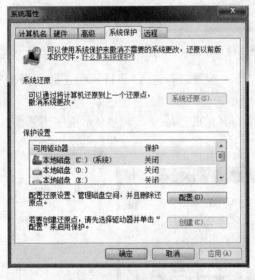

图1-38 "系统保护"选项卡

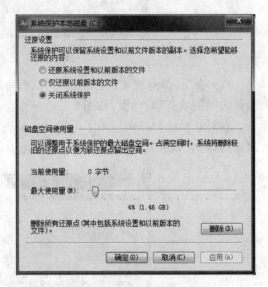

图1-39 系统保护本地磁盘

（4）在"还原设置"功能区中进行还原选项选择，在"磁盘空间使用量"功能区拖动"最大使用量"滑块调节可用的磁盘空间，也可以单击"删除"按钮删除所有的还原点来释放空间。设置完毕后，单击"确定"按钮。

（5）返回"系统属性"对话框，单击"创建"按钮，打开"系统保护"对话框，在文本框中输入还原点的描述性信息，如图1-40所示。

（6）单击"创建"按钮，开始创建还原点。创建完毕后，将弹出"已成功创建还原点"的提示信息，单击"关闭"按钮即可，如图 1-41 所示。

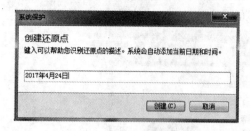

图 1-40 创建还原点

图 1-41 创建成功

3. 使用 Windows 系统工具还原系统

（1）单击桌面左下角的"开始"按钮，在弹出的菜单中选择"所有程序"→"附件"→"系统工具"→"系统还原"菜单项，打开"系统还原"对话框，如图 1-42 所示。

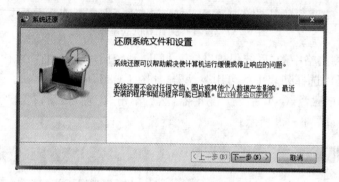

图 1-42 还原系统文件和设置

（2）在"还原系统文件和设置"对话框中单击"下一步"按钮，进入"将计算机还原到所选事件之前的状态"对话框，如图 1-43 所示。

在对话框的窗格中显示了可用的还原点，如果有其他的还原点，选中"显示更多还原点"复选框，则会显示其他隐藏的可用还原点。

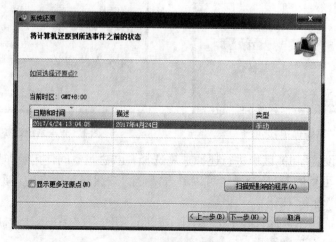

图 1-43 系统还原（1）

　　(3) 在"将计算机还原到所选事件之前的状态"对话框中选择合适的还原点,一般选择距离出现故障时间最近的还原点即可。单击"扫描受影响的程序"按钮,打开"正在扫描受影响的程序和驱动器"对话框。扫描完成后,弹出详细的将被删除的程序和驱动信息,用户可以查看所选择的还原点是否正确,如果不正确可以返回重新操作,如图 1－44 所示。

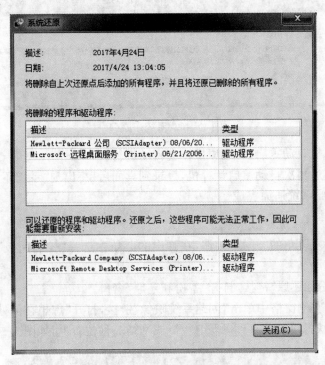

图 1－44　系统还原(2)

　　(4) 单击"关闭"按钮,返回到"将计算机还原到所选事件之前的状态"对话框,确认还原点选择是否正确,如果还原点选择正确,则单击"下一步"按钮,打开"确认还原点"对话框,如图 1－45 所示。

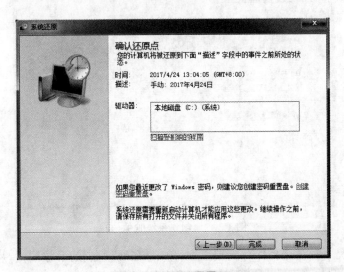

图 1－45　系统还原(3)

（5）确认操作正确，单击"完成"按钮，打开"启动后，系统还原不能中断，您希望继续吗？"确认对话框，如图1-46所示。单击"是"按钮，系统开始准备还原，并弹出"正在准备还原系统…"对话框。

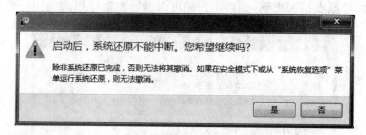

图1-46　系统还原（4）

（6）等待计算机自动重启后，还原操作会自动进行。

（7）还原完成后再次自动重启计算机，登录到桌面后，将出现"系统还原已成功完成后"的提示对话框，至此系统还原完成。

4. 创建系统映像

（1）单击桌面左下角的"开始"按钮，在弹出的菜单中选择"控制面板"菜单项，打开"控制面板"窗口。

（2）单击"备份和还原"链接，打开"备份和还原"窗口。

（3）在窗口的左侧窗格中单击"创建系统映像"链接，打开"您想在何处保存备份？"对话框，可以看到系统映像可以保存到硬盘、DVD或网络3种位置上，如图1-47所示。

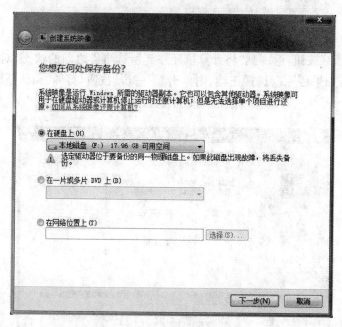

图1-47　创建系统映像（1）

（4）一般情况下都会选择保存到硬盘上，单击"在硬盘上"的下拉按钮，从弹出的下拉列表中选择可用空间最多的硬盘分区，选择合适的本地磁盘。

(5) 单击"下一步"按钮,打开"您要在备份中包括哪些驱动器?"对话框,显示出可以备份的分区,其中与操作系统有关的分区会被默认选中且不能更改,用户也可以自己添加其他分区,如图 1－48 所示。

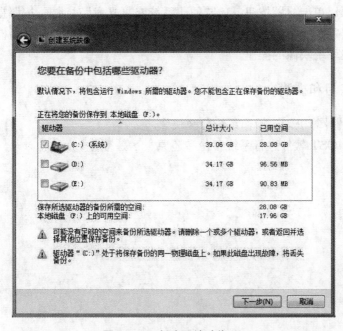

图 1－48 创建系统映像(2)

(6) 单击"下一步"按钮,打开"确认您的备份设置"确认对话框,在其中可以查看将要备份的内容,如图 1－49 所示。

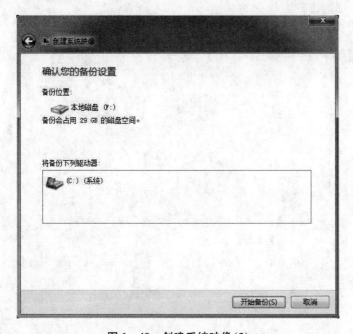

图 1－49 创建系统映像(3)

（7）如果确认备份设置正确，单击"开始备份"按钮，就可以开始创建系统映像文件了。需要的时间和映像文件的大小与刚才的设置有关，可能需要较长的时间。

（8）映像创建完成后，将会出现"是否要创建系统修复光盘?"提示信息对话框。如果用户装有刻录机，可以单击"是"按钮，打开"创建系统修复光盘"对话框，按照提示创建一张恢复光盘，否则单击"否"按钮退出对话框。最后单击"备份已成功完成"对话框中的"关闭"按钮，即可完成创建系统映像的操作。

四、实战练习和提高

（1）为自己的计算机创建操作系统分区映像。

（2）使用 GHOST 软件进行系统备份和还原。

模块 2 文处理软件 Word 2010

Word 2010 是微软公司办公软件 Microsoft Office 2010 中的重要组件之一。它可以进行文字、图形、图像、声音、动画等综合文档编辑与排版,并和其他多种软件进行信息交换,编辑出图、文、声并茂的文档。Word 拥有界面友好、操作简单、"所见即所得"的特点,使其成为当今最受欢迎的文字处理软件之一。

一、Word 2010 的新特性

和以前的 Word 97、Word 2000 和 Word 2003 等版本相比较,Word 2010 中加入了更多人性化的新功能,不仅可以让用户制作出更加精美的文档,而且也提供了更好的用户体验。Word 2010 的新特性如下:

1. 改进的搜索和导航体验

利用 Word 2010 新增的改进查找体验,可以按照图形、表、脚注和注释来查找内容。改进的导航窗格为用户提供了文档的直观表示形式,这样就可以对所需内容进行快速浏览、排序和查找。

2. 与他人同步工作

Word 2010 重新定义了人们一起处理某个文档的方式。利用共同创作功能,可以编辑论文,同时与他人分享你的思想观点。对于企业和组织来说,与 Office Communicator 的集成,使用户能够查看与其一起编写文档的某个人是否空闲,并在不离开 Word 文档的情况下轻松启动会话。

3. 几乎可在任何地点访问和共享文档

联机发布文档,然后通过计算机或基于 Windows Mobile 的 Smartphone 在任何地方访问、查看和编辑这些文档。通过 Word 2010,可以在多个地点和多种设备上获得一流的文档体验。

4. 向文本添加视觉效果

利用 Word 2010 可以在文本中添加图像效果(如阴影、凹凸、发光和映像),也可以对文本设置应用格式,以便与图像实现无缝混合。Word 2010 向文本添加视觉效果操作起来快速、轻松,只需单击几次鼠标即可。

5. 将文本转化为引人注目的图表

利用 Word 2010 提供的更多选项,可将视觉效果添加到文档中,也可以从新增的 SmartArt 图形中选择,在数分钟内构建令人印象深刻的图表。SmartArt 中的图形功能同样也可以将点句列出的文本转换为引人注目的视觉图形,以便更好地展示创意。

6. 向文档加入视觉效果

利用 Word 2010 中新增的图片编辑工具,无须其他照片编辑软件,即可插入、剪裁和添加图片特效。也可以更改颜色饱和度、色温、亮度以及对比度,以轻松将简单文档转化为艺术作品。

7. 恢复已丢失的工作

如果用户在某文档中工作一段时间后,不小心关闭了文档却没有保存。Word 2010 可以帮助用户恢复最近编辑的草稿,即使用户没有保存该文档。

8. 跨越沟通障碍

利用 Word 2010 可以跨不同语言沟通交流,翻译单词、词组或文档,可针对屏幕提示、帮助内容和显示内容分别进行不同的语言设置。甚至可以将完整的文档发送到网站进行翻译。

9. 将屏幕快照插入到文档中

插入屏幕快照,以便快捷捕获可视图,并将其合并到用户的工作中。当跨文档重用屏幕快照时,利用"粘贴预览"功能,可在放入所添加内容之前查看其外观。

10. 利用增强的用户体验完成更多工作

Word 2010 简化了用户使用功能的方式。新增的 Microsoft Office Backstage 视图替换了传统文件菜单,只需单击几次鼠标,即可保存、共享、打印和发布文档。利用改进的功能区,可以快速访问常用的命令,并创建自定义选项卡,从而符合用户的工作风格需要。

二、Word 2010 使用基础

(一) Word 2010 的功能区

Word 2010 与 Word 2003 及以前版本相比较,最大的变化就是用各种功能区取代了传统的菜单操作方式。在 Word 2010 窗口上方是功能区的名称,当单击这些名称时并不会打开菜单,而是切换到与之相对应的功能区面板。每个功能区根据功能的不同又分为若干个组。

1. "文件"功能区

Word 2010 的"文件"功能区是一个类似于菜单的按钮,位于 Word 2010 窗口左上角。单击"文件"按钮可以打开"文件"面板,包含"信息"、"最近所用文件"、"新建"、"打印"、"保存并发送"、"打开"、"关闭"、"保存"等常用命令。

● "信息"命令:打开此命令面板,用户可以进行旧版本格式转换、保护文档(包含设置 Word 文档密码)、检查问题和管理自动保存的版本。

● "最近所用文件"命令:打开此命令面板,在面板右侧可以查看最近使用的 Word 文档列表,用户可以通过该面板快速打开使用的 Word 文档。在每个历史 Word 文档名称的右侧都有一个固定按钮,单击该按钮可以将该记录固定在当前位置,而不会被后续 Word 文档名称替换。

● "新建"命令：打开此命令面板，用户可以看到丰富的 Word 2010 文档类型，包括"空白文档"、"博客文章"、"书法字帖"等 Word 2010 内置的文档类型。用户还可以通过 Office.com 提供的模板新建诸如"会议议程"、"证书"、"奖状"、"小册子"等 Word 文档。

● "打印"命令：打开此命令面板，在该面板中用户可以详细设置多种打印参数，例如双面打印、指定打印页等参数，从而有效控制 Word 2010 文档的打印结果。

● "保存并发送"命令：打开此命令面板，用户可以在面板中将 Word 2010 文档发布为博客文章，或者作为电子邮件发送，也可保存为 PDF 等其他文件格式。

2. "开始"功能区

"开始"功能区中包括剪贴板、字体、段落、样式和编辑五个组，对应 Word 2003 的"编辑"和"段落"菜单命令。该功能区主要用于帮助用户对 Word 2010 文档进行文字编辑和格式设置，是用户最常用的功能区。

3. "插入"功能区

"插入"功能区包括页、表格、插图、链接、页眉和页脚、文本、符号和特殊符号，对应 Word 2003 中"插入"菜单的部分命令，主要用于在 Word 2010 文档中插入各种元素。

4. "页面布局"功能区

"页面布局"功能区包括主题、页面设置、稿纸、页面背景、段落、排列，对应 Word 2003 的"页面设置"菜单命令和"段落"菜单中的部分命令，用于帮助用户设置 Word 2010 文档页面样式。

5. "引用"功能区

"引用"功能区包括目录、脚注、引文与书目、题注、索引和引文目录，用于实现在 Word 2010 文档中插入目录等比较高级的功能。

6. "邮件"功能区

"邮件"功能区包括创建、开始邮件合并、编写和插入域、预览结果和完成，该功能区专门用于在 Word 2010 文档中进行邮件合并方面的操作。

7. "审阅"功能区

"审阅"功能区包括校对、语言、中文简繁转换、批注、修订、更改、比较和保护，主要用于对 Word 2010 文档进行校对和修订等操作，适用于多人协作处理较长的文档。

8. "视图"功能区

"视图"功能区包括文档视图、显示、显示比例、窗口和宏主要用于帮助用户设置 Word 2010 操作窗口的视图类型。

9. "加载项"功能区

"加载项"功能区包括菜单命令一个组，加载项是可以为 Word 2010 安装附加属性，如自定义的工具栏或其他命令扩展。"加载项"功能区则可以在 Word 2010 中添加或删除加载项。

（二）视图模式

Word 2010 中提供了多种视图模式供用户选择，这些视图模式包括"页面视图"、"阅读版式视图"、"Web 版式视图"、"大纲视图"和"草稿视图"等五种视图模式。用户可以在"视图"功能区中选择需要的文档视图模式,也可以在 Word 2010 文档窗口的右下方单击视图按钮选择视图。

1. 页面视图,可以显示 Word 2010 文档的打印结果外观,主要包括页眉、页脚、图形对象、分栏设置、页面边距等元素,是最接近打印结果的页面视图。

2. 阅读版式视图,以图书的分栏样式显示 Word 2010 文档。在该视图模式下,"文件"按钮、各功能区等窗口元素被隐藏起来。在阅读版式视图中,用户还可以单击"工具"按钮选择各种阅读工具。

3. Web 版式视图,以网页的形式显示 Word 2010 文档。Web 版式视图适用于发送电子邮件和创建网页。

4. 大纲视图,主要用于完成 Word 2010 文档的设置和显示标题的层级结构,并可以方便地折叠和展开各种层级的文档。大纲视图广泛用于 Word 2010 长文档的快速浏览和设置。

5. 草稿视图,取消了页面边距、分栏、页眉页脚和图片等元素,仅显示标题和正文,是最节省计算机系统硬件资源的视图方式。

(三)文档的基本操作

1. 新建文档

在进行文本输入与编辑之前,首先要新建一个文档。可依次单击"文件|新建",然后双击"空白文档"。或者,如果想要创建特定类型的文档,如业务计划或简历,可双击对应的模板。

> **说明**:在 Word 2010 中有三种类型的 Word 模板,分别为:. dot 模板(兼容 Word 97~2003 文档)、.dotx(未启用宏的模板)和.dotm(启用宏的模板)。在"新建文档"对话框中创建的空白文档使用的是 Word 2010 的默认模板 Normal. dotm。

2. 文本输入

● 键盘输入

这是一种最原始的文档输入方法,速度虽慢,却是最基本的。文本的输入分为中文输入和英文输入两种。

> **注意**:① 汉字写满一行,无须按回车键,Word 可自动换行。② 输入完一个段落后,应该按回车键,表示段落结束,同时显示"段落标记"。

● 输入符号

在编辑文档时,常用到某种形式的序号,或诸如"【】"、"×"等一些特殊符号。在 Word 中可依次单击"插入|符号"来实现。

3. 显示或隐藏标尺

Word 2010 文档窗口中的标尺包括水平标尺和垂直标尺,用于显示文档的页边距、段落缩进、制表符等。单击"视图"功能区选项卡,选中或取消"标尺"复选框可以显示或隐藏标尺。

4. 调整文档页面显示比例

在 Word 2010 文档窗口中可以设置页面显示比例，从而可调整文档窗口的大小。显示比例仅仅调整文档窗口的显示大小，并不会影响实际的打印效果。

依次单击"视图|显示比例"，在打开的"显示比例"对话框中，用户既可以通过选择预置的显示比例（如 75%、页宽）设置页面显示比例，也可以微调百分比数值调整页面显示比例。

> **提示:**除了在"显示比例"对话框中设置页面显示比例以外，用户还可以通过拖动 Word 2010 状态栏上的滑块放大或缩小显示比例，调整幅度为 10%。

5. 打开文档

在 Word 2010 中默认会显示 20 个最近打开或编辑过的 Word 文档，用户可以通过"最近所用文件"面板打开最近使用的文档。依次单击"文件|最近所用文件"，在右侧"最近使用的文档"列表中单击准备打开的 Word 文档名称即可。

虽然在 Word 2010 文档窗口"最近所用文件"面板中可以打开最近使用过的 Word 文档，但如果该列表中没有找到想要打开的 Word 文档，用户可以在"打开"对话框中打开任何一个 Word 文档。依次单击"文件|打开"，在打开的"打开"对话框中，选中需要打开的 Word 文档并单击"打开"按钮即可。

为了使在 Word 2003 中创建的 Word 文档具有 Word 2010 文档的新功能，用户可以将 Word 2003 文档转换成 Word 2010 文档。首先启动 Word 2010，在 Word 2010 文档窗口打开一个 Word 2003 文档，用户可以看到在文档名称后边标识有"兼容模式"字样。依次单击"文件|信息|转换"，在打开的提示框中单击"确定"按钮即可完成转换操作，完成版本转换的 Word 文档名称将取消"兼容模式"字样。

6. 保存文档

若要保存新建文件，可依次单击"文件|保存"，打开"另存为"对话框，默认情况下，使用 Word 2010 编辑的 Word 文档会保存为 docx 格式的 Word 2010 文档。

如果 Word 2010 用户经常需要跟 Word 2003 用户交换 Word 文档，而 Word 2003 用户在未安装文件格式兼容包的情况下又无法直接打开 docx 文档，可依次单击"文件|另存为"，在打开的"另存为"对话框中，单击"保存类型"下拉列表框的下拉按钮，在文件类型列表中选择"Word97—2003 文档(*.doc)"选项。然后选择保存位置并输入文件名，最后单击"保存"按钮即可。

如果要将 Word 2010 文档直接保存为 PDF 文件，可在打开的"另存为"对话框中，选择"保存类型"为 PDF，然后选择 PDF 文件的保存位置并输入 PDF 文件名称，单击"保存"按钮即可。

（四）编辑文档

1. 文本的选定

编辑文档时需要准确地选择文本以作处理。表 2-1 和表 2-2 分别给出了用鼠标和键盘选定文档内容的方法。

表 2-1 用鼠标选定文档内容

要选定的文档内容	鼠标操作
一个单词或一个中文词语	双击该单词或词语
一个句子	按住【Ctrl】,单击该句子任何地方
一行	将鼠标移到该行左侧的选择栏,鼠标指针变为"↗"时单击
多行	先选择一行(方法同上),再按住左键向上或向下拖曳鼠标
一个段落	在左侧选择栏处双击;或在段落上任意处三击左键
多个段落	先选择一段落,再按住左键向上或向下拖曳鼠标
任意连续字符块	单击所选字符块的开始处,按住【Shift】键,单击字符块尾
矩形字符块(列块)	按住【Alt】,再拖曳鼠标
一个图形	单击该图形
整篇文档	将鼠标移到该行左侧的选择栏,鼠标变为"↗"时三击左键

表 2-2 用键盘选文档内容

要选定的文档内容	键盘操作	要选定的文档内容	键盘操作
右侧一个字符	【Shift】+【→】	从当前字符至行尾	【Shift】+【End】
左侧一个字符	【Shift】+【←】	从当前字符至段首	【Ctrl】+【Shift】+【↑】
上一行	【Shift】+【↑】	从当前字符至段尾	【Ctrl】+【Shift】+【↓】
下一行	【Shift】+【↓】	扩展选择	【F8】
从当前字符至行首	【Shift】+【Home】	缩减选择	【Shift】+【F8】

2. 插入、改写和删除文本

Word 2010 默认状态是"插入"状态,即在一个字符前面插入另外的字符时,后面的字符自动后移。按下键盘上的【Insert】键后,状态栏上原来不可用的"改写"就变为可用,此时,再在一个字符的前面键入另外的字符,则原来的字符会被现在的字符替换。再次按下【Insert】键后,则又回到"插入"状态。

对文本做删除操作时,用【Backspace】或【Del】键,可以删除单个字符;如果要删除某段文本,可先选定文本,再按【Del】键或使用"剪切"操作。后者将把删除内容存于剪贴板中。

3. 文本的复制

如果某部分内容在文档中重复出现多次,或是一个文件中的某部分文档要在另一个文件中应用,重复输入显然很费事。可以只输入一次,然后将其复制到需要的地方。

具体操作为:先选定要复制的文本,然后用以下方法之一实现文本复制:

(1) 使用鼠标拖动

按住【Ctrl】键,同时用鼠标将选定文本拖曳到目标位置再释放鼠标。

(2) 使用剪贴板

单击"开始"选项卡,在"剪贴板"组中选择"复制",这时选定的文本被复制到剪贴板;然后将光标定位于目标位置,在"剪贴板"组中选择"粘贴",在"粘贴选项"中包括"保留源格式"、"合并格式"和"仅保留文本"三个命令按钮,及"选择性粘贴"功能,可根据需要选择其中之一。

"保留源格式"命令:被粘贴内容保留原始内容的格式;

"合并格式"命令:被粘贴内容保留原始内容的格式,并且合并应用目标位置的格式;

"仅保留文本"命令:被粘贴内容清除原始内容和目标位置的所有格式,仅仅保留文本。

"选择性粘贴"功能:可以帮助用户在 Word 2010 文档中有选择地粘贴剪贴板中的内容,例如可以将剪贴板中的内容以图片的形式粘贴到目标位置。

以上操作中,"复制"、"剪切"、"粘贴"对应的快捷键分别为【Ctrl+C】、【Ctrl+X】、【Ctrl+V】。

4. 文本的移动

移动文本不同于复制文本。复制是将选定的内容作为用户的一个拷贝,放到用户需要的位置上,选定的内容仍然在原来的位置上没动;移动是将用户选定的内容直接移动到用户需要的位置上,原位置上被选定的内容被移走。

具体操作为先选定要移动的文本,然后选择以下方法之一实现文本的移动。

(1) 使用鼠标拖动

用鼠标左键将选定文本拖曳到目标位置再释放鼠标。

(2) 使用剪贴板

单击"开始"选项卡,在"剪贴板"组中选择"剪切",这时选定的文本被剪切到剪贴板,然后将光标定位于目标位置,在"剪贴板"组中选择"粘贴"即可。

上述的方法一次只能粘贴一项内容。可以使用"Office 剪贴板"一次收集或粘贴多个项目,操作步骤如下:

① 单击"开始"选项卡,在"剪贴板"组中单击对话框启动器,弹出剪贴板任务窗格。

② 选定需要复制或移动的内容,在"剪贴板"组中选择"复制"或"剪切"。

③ 重复步骤②,直至所有内容均被复制。

④ 将光标定位到需要粘贴所复制内容的位置。

⑤ 如果需要粘贴所有内容,可单击"剪贴板"任务窗格上的"全部粘贴"按钮;如果需要粘贴特定内容,则在需要粘贴的内容上单击即可。

该剪贴板任务窗格还可以在 Office 组件各应用程序之间粘贴不同格式的内容。

5. 查找与替换

在文档中经常要查找某些指定的内容,例如某个术语、名称、图形、表格等,借助 Word 2010 提供的"查找"功能,用户可以在 Word 2010 文档中快速查找特定的字符。

单击"开始"选项卡,在"编辑"组中选择"查找",在打开的"导航"窗格编辑框中输入需要查找的内容,并单击"搜索"按钮即可。

用户还可以在"导航"窗格中单击搜索按钮右侧的下拉按钮,在打开的菜单中选择查找图形、表格等。

若要对查找内容做替换,单击"开始"选项卡,在"编辑"组中选择"替换",打开"查找和替换"对话框,在"查找内容"框中输入要查找内容,在"替换"框中输入要替换的文本,并选择"替换"或"全部替换"进行替换操作。

6. 撤销与恢复

在文档编辑过程中如果发生了某些错误操作，可以将其撤销。用户可以按下【Alt＋Backspace】组合键或单击文档窗口左上方"快速访问工具栏"中的 按钮撤销操作。值得注意的是：在撤销某项操作的同时，也将撤销列表中该项操作之上的所有操作。如果连续单击 按钮，Word 2010 将依次撤销从最近一次操作往前的各次操作。

如果要取消"撤销"操作，用户可以按下【Ctrl＋Y】组合键或单击"快速访问工具栏"中的 按钮，恢复上一次的操作。

7. 使用格式刷工具

Word 2010 中的格式刷工具可以将特定文本的格式复制到其他文本中，当用户需要为不同文本重复设置相同格式时，可使用格式刷工具提高工作效率。

打开 Word 2010 文档窗口，并选中已经设置好格式的文本块。在"开始"功能区的"剪贴板"组中双击"格式刷"按钮，将鼠标指针移动至 Word 文档文本区域，鼠标指针将变成刷子形状，此时按住鼠标左键拖选需要设置格式的文本，则用"格式刷"刷过的文本将被设置成新的格式。释放鼠标左键，再次拖选其他文本，可以实现同一种格式的多次复制。完成格式的复制后，再次单击"格式刷"按钮关闭格式刷。

8. 给"快速访问工具栏"添加命令按钮

Word 2010 文档窗口中的"快速访问工具栏"用于放置命令按钮，方便用户快速启动经常使用的命令。默认情况下，"快速访问工具栏"中只有数量较少的命令，用户可以根据需要添加多个自定义命令。

依次单击"文件|选项"命令，在打开的"Word 选项"对话框中切换到"快速访问工具栏"选项卡，然后在"从下列位置选择命令"列表中单击需要添加的命令，并单击"添加"按钮即可。

若要将"快速访问工具栏"恢复到原始状态，则可在打开的"Word 选项"对话框中切换到"快速访问工具栏"选项卡，依次单击"重置|仅重置快速访问工具栏"按钮即可。

【微信扫码】
Word 项目 1 资源

项目一　宋词赏析文稿制作

一、内容描述和分析

1. 内容描述

宋词是中国古典文学皇冠上光彩夺目的一颗巨钻，有许多脍炙人口的诗词影响了一代又一代的人。本项目应用 Word 2010 基本操作方法制作一幅"宋词赏析"文稿，通过对版面的精心设计与排版，展现出中华古诗文的博大精深，从而获得美的享受。

2. 涉及知识点

Word 2010 文档的建立、保存；页面设置方法；文档的常用编辑方法；字体、段落格式的设置；中文版式、分栏和首字下沉操作；边框和底纹的设置；项目符号和制表位的插入；插入页眉页脚和脚注；图文混排。

3. 注意点

注意在页边界设置时整个页面的比例不要过大；字体格式、颜色搭配协调，重要文字醒目；行间距、字符间距设置合理，避免过大或过小；图文混排时文字和图片之间位置合适，使整个版面美观。

二、相关知识和技能

1. 设置字符格式

字符格式设置包括字体、字号、字形、字体颜色、字符间距以及文字效果等。在 Word 2010 中，单击"开始"选项卡，在"字体"组中选择相应的功能，即可完成字符格式设置。

(1) 设置字号

设置字号可以改变文字的大小。选定文本，在"字体"组中单击"字号"列表框的"更改字号"按钮选择所需字号，也可单击"字体"组右下角的对话框启动器 ，打开"字体"对话框进行设置。

在可选择设置的字号中，"初号"最大，"八号"最小。Word 默认的字号为五号。字号也可用数字表示，其单位为磅，用户可直接在字号列表框中输入数字设置字号。

> **提示**：Word 中的度量单位主要有：厘米、毫米、英寸、磅等。其换算方法为：1 英寸 =72 磅，1 英寸=2.54 厘米。另外，还有一个度量单位称为"字符单位"，主要用于段落格式的设置。

(2) 设置字体

选定文本，在"字体"组中单击"字体"列表框的下拉按钮选择所需字体，也可单击"字体"组的对话框启动器 ，打开"字体"对话框进行设置。

在"字体"选项卡中，有"中文字体"和"西文字体"两个下拉列表框。Windows 操作系统自带许多中西文字体。根据需要，用户也可以安装其他字体。Word 默认的中文字体是宋体，默认的西文字体是 Times New Roman。字体名称前带有"**T**"标志项为"True Type"字体（其显示与打印效果一致）。

(3) 设置加粗、倾斜、下划线、边框和底纹等效果

设置粗体、斜体和下划线可突出显示某些文本。选定文本，在"字体"组中单击【**B**】、【**I**】、【**U**】等按钮来设置。若单击【**U**】右侧的下拉箭头，可选择下划线的样式。

选定文本，在"字体"组中单击**A**、**A** 或 等按钮，可为文本添加边框、底纹和带圈字符。

(4) 设置文字颜色

选定文本，在"字体"组中单击"字体颜色"按钮右侧的下拉箭头，打开"字体颜色"对话框，共有 40 种颜色供选择，单击所需的色彩即可；也可单击"字体"组右下角的对话框启动器 ，打开"字体"对话框进行设置。

如果以上 40 种颜色中没有所需的色彩，还可以单击"其他颜色"按钮，打开 "颜色"对话

框,在"颜色"对话框中,单击"标准"标签,选择系统设定好的颜色,或者单击"自定义"标签,从调色板中选择任意一种色彩。

（5）设置删除线、上标、下标等效果

选定文本,在"字体"组中单击 abc、X_2 或 X^2 等按钮,可将文本设置为对应效果。也可单击"字体"组右下角的对话框启动器 ,打开"字体"对话框设置。

（6）字符间距

字符间距指相邻两个字符之间的距离,如果字与字之间距离太近,版面会显得拥挤。

在"字体"对话框中打开"高级"选项卡,在"间距"中选"加宽"或"紧缩"并输入具体数值,可改变字符间距。此外,也可设置字符在水平位置上"提升"或"降低"。

（7）首字下沉

有时为了编辑的需要可将某段落首字进行下沉处理。单击需设定首字下沉段落的任意位置,然后单击"插入"选项卡,在"文本"组中单击"首字下沉",打开"首字下沉"对话框,可对首字的"位置"、"字体"和"下沉行数"等进行设置。下沉的首字是以图文框的形式插入的,因此也可以通过鼠标调节其具体的格式。

（8）拼音指南

Word 2010 拼音指南功能,可以帮助用户识别生僻字的读音。选中要加注拼音的汉字,单击"开始"选项卡"字体"组的"拼音指南",在打开的对话框中显示每个汉字对应的拼音,并设置合适的"对齐方式"、"偏移量"、"字体"、"字号"等,最后单击"确定"。

（9）带圈字符

在 Word 2010 中输入带圈字符,可以让文字更加明显。选中要加圈的文字,单击"开始"选项卡"字体"组的"带圈字符",在打开的对话框中选择样式以及圈号,最后单击"确定"。

2. 设置段落格式

段落格式的设置主要包括:对齐方式、段落缩进、调整行间距和段间距等。在 Word 中单击"开始"选项卡,在"段落"组中选择相应的功能,可以完成段落格式设置。

（1）对齐方式

对齐方式是指段落在水平方向以何种方式对齐。Word 2010 中有左对齐、居中、右对齐、两端对齐和分散对齐五种对齐方式。"两端对齐"是 Word 2010 默认的对齐方式;"居中"可使当前段落居中排列;"右对齐"可使当前段落严格右边对齐,而不管左边的情况;"左对齐"使当前段落严格左边对齐,而不管右边的情况;"分散对齐"可使当前段落的左右两端都对齐,末行的字符间距将会随之改变而使所有字符均匀分布在该行。

设置段落对齐方式可单击"开始"选项卡,在"段落"组中选择相应的对齐方式。也可单击"段落"组右下角的对话框启动器 ,打开"段落"对话框,选择"缩进和间距"选项卡,在"对齐方式"区域进行设置。

（2）段落缩进

段落的缩进包括左缩进、右缩进、首行缩进和悬挂缩进。

为了标识一个新段落的开始,一般都会将一个段落的首行缩进几个字符的间距,这叫作首行缩进。悬挂缩进是指文档的第二行及后续的各行缩进量都大于首行,悬挂缩进常用于项目符号和编号列表。

设置段落缩进可单击"开始"选项卡,然后单击"段落"组右下角的对话框启动器▣,打开"段落"对话框,选择"缩进和间距"选项卡,在"缩进"区域设置;也可以单击"段落"组中的"增加缩进量"和"减少缩进量"按钮快速设置段落缩进。

提示:使用"增加缩进量"和"减少缩进量"按钮只能在页边距以内设置缩进,而不能超出页边距之外。

借助 Word 2010 文档窗口中的标尺,用户可以很方便地设置 Word 文档段落缩进。单击"视图"选项卡,在"显示"组中选中"标尺"复选框,此时在标尺上出现四个缩进滑块。拖动"首行缩进"滑块可以调整首行缩进;拖动"悬挂缩进"滑块可以设置悬挂缩进;拖动"左缩进"和"右缩进"滑块设置左右缩进。

(3)段落行距与间距

段落行距表示各行文本间的垂直距离。改变行距将影响整个段落中所有的行。单击"开始"选项卡,然后单击"段落"组右下角的对话框启动器▣,打开"段落"对话框,选择"缩进和间距"选项卡,然后在"行距"区域内设置。

"单倍行距":行距设置为该行最大字体的高度加上一小段额外间距,额外间距的大小取决于所用的字体。

"1.5 倍行距":段落行距为单倍行距的 1.5 倍。

"2 倍行距":段落行距为单倍行距的 2 倍。

"多倍行距":行距按指定百分比增大或减小,在"设置值"框中键入或选择所需行距即可,默认值为 3。

"最小值":恰好容纳本行中最大的文字或图形。

"固定值":行距固定,在"设置值"框中键入或选择所需行距即可。默认值为 12。

段落间距是指不同段落之间的垂直距离。单击"开始"选项卡,然后单击"段落"组右下角的对话框启动器▣,打开"段落"对话框,选择"缩进和间距"选项卡,在"间距"区域的"段前"和"段后"右侧的数值滚动框中键入所要的行数。"1 行"表示要在"段前"或"段后"增加 1 行的距离,其他数值类推;也可单击"段落"组中"行和段落间距"按钮,在列表中选择"增加段前间距"或"增加段后间距"设置段落和段落之间的距离。

(4)换行和分页

有时需要将几个段落放在同一页上,不在页的顶端打印段落的最后一行或者页的底端打印段落的第一行,可单击"开始"选项卡,然后单击"段落"组右下角的对话框启动器▣,打开"段落"对话框,选择"换行和分页"选项卡进行换行和分页设置。

(5)输入项目符号

项目符号主要用于区分 Word 2010 文档中不同类别的文本内容。选中需要添加项目符号的段落。单击"开始"选项卡,在"段落"组中单击"项目符号"右侧的下拉按钮,在打开的下拉列表中选中合适的项目符号即可。

在当前项目符号所在行输入内容,当按下回车键后会自动产生另一个项目符号。如果连续按两次回车键将取消项目符号输入状态,恢复到 Word 常规输入状态。

(6)输入编号

编号主要用于 Word 2010 文档中相同类别文本的不同内容,一般具有顺序性。编号一般使用阿拉伯数字、中文数字或英文字母，以段落为单位进行标识。

单击"开始"选项卡，在"段落"组中单击"编号"下拉按钮。在打开的下拉列表中选中合适的编号类型即可。

在当前编号所在行输入内容，当按下回车键时会自动产生下一个编号。如果连续按两次回车键将取消编号输入状态，恢复到 Word 常规输入状态。

（7）插入多级列表

所谓多级列表是指 Word 文档中编号或项目符号列表的嵌套，以实现层次效果。

打开 Word 2010 文档窗口，单击"开始"选项卡，在"段落"组中单击"多级列表"按钮，在列表中选择所需多级列表的格式。

（8）插入段落边框

通过在 Word 2010 文档中插入段落边框，可以使相关段落的内容更突出，从而便于读者阅读。段落边框的应用范围仅限于被选中的段落。

选择需要设置边框的段落，单击"开始"选项卡，在"段落"组中单击"边框"右下角的对话框启动器，在打开的下拉列表中选择合适的边框。

默认情况下，段落边框的格式为黑色单直线。用户可以设置段落边框的格式，使其更美观。单击"边框"下拉按钮，在下拉列表中选择"边框和底纹"命令，在打开的"边框和底纹"对话框中，分别设置边框样式、边框颜色以及边框的宽度，然后单击"应用于"下拉按钮，在下拉列表中选择"段落"选项，并单击"确定"按钮。

（9）设置段落底纹

通过为 Word 2010 文档设置段落底纹，可以突出显示重要段落的内容，增强可读性。

选中需要设置底纹的段落，单击"开始"选项卡，在"段落"组中单击"底纹"下拉按钮，在打开的底纹颜色面板中选择合适的颜色即可。

在 Word 2010 中，用户不仅可以在文档中为段落设置纯色底纹，还可以为段落设置图案底纹，使设置底纹的段落更美观。选中需要设置图案底纹的段落，单击"开始"选项卡，在"段落"组中单击"边框"右侧的下拉按钮，在下拉列表中选择"边框和底纹"命令，在打开的"边框和底纹"对话框中选择"底纹"选项卡，在"图案"区域中分别选择所需的图案样式和图案颜色。

3. 浮动工具栏

浮动工具栏是 Word 2010 中一项极具人性化的功能。当 Word 2010 文档中的文字处于选中状态时，如果用户将鼠标指针移到被选中文字的右侧位置，将会出现一个半透明状态的浮动工具栏，该工具栏中包含常用的设置文字格式的命令，如字体、字号、颜色、居中对齐等。将鼠标指针移动到浮动工具栏上，将使这些命令完全显示，进而可以方便地进行文字格式设置。

如果不需要在 Word 2010 文档窗口中显示浮动工具栏，可以在"Word 选项"对话框中将其关闭。依次单击"文件|选项"，在打开的"Word 选项"对话框中，取消"常用"选项卡中的"选择时显示浮动工具栏"复选框，并单击"确定"按钮即可。

4. 设置页面格式

页面设置指对文档的页面布局、外观、纸张大小等属性的设置。页面设置直接决定文档的打印效果。

（1）纸张大小设置和纸张方向

Word 缺省使用的是 A4 纸。A4 是纸张的大小规格，属于国外的字母命名体系；国内的命名习惯是"开"，如 16 开。单击"页面布局"选项卡，在"页面设置"组中单击"纸张大小"按钮，可设置纸张大小。

设置纸张方向是用来切换纸张的横向布局或纵向布局。单击"页面布局"选项卡，在"页面设置"组中单击"纸张方向"按钮，可切换纸张的横向布局或纵向布局。

（2）设置页边距

通过设置页边距，可以使 Word 2010 文档的正文跟页面边缘保持比较合适的距离。这样不仅使 Word 文档看起来更加美观，还可以达到节约纸张的目的。

单击"页面布局"选项卡，在"页面设置"组中单击"页边距"按钮，可在打开的常用页边距列表中选择合适的页边距；如果常用页边距列表中没有合适的页边距，可以在"页面设置"对话框自定义页边距设置。

（3）插入分页符

分页符主要用于在 Word 2010 文档的任意位置强制分页，使分页符后边的内容转到新的一页。使用分页符分页不同于 Word 2010 文档自动分页，分页符前后文档始终处于两个不同的页面中，不会随着字体、版式的改变合并为一页。

将光标定位到需要分页的位置，单击"页面布局"选项卡，在"页面设置"组中单击"分隔符"按钮，在下拉列表中选择"分页符"选项即可；也可将光标定位到需要分页的位置，单击"插入"选项卡，在"页"组中单击"分页"按钮。

（4）分栏

分栏是在页面中按垂直方向逐栏排列文字，填满一栏后再转到下一栏。分栏排版有分成两栏、三栏等多种形式。

单击"页面布局"选项卡，在"页面设置"组中单击"分栏"按钮，打开"分栏"对话框，在"预设"区选择分栏格式，在"宽度和间距"区可设置各栏的宽度和间距。如果选定"栏宽相等"，则每个分栏宽度相同；如果选定"分隔线"，则各栏之间有一条分隔线，单击"确定"按钮可实现分栏效果。

（5）插入页眉或页脚

一般情况下，页眉和页脚分别出现在文档的顶部和底部，在其中可以插入页码、文件名或章节名称等内容。当一篇文档创建了页眉和页脚时，版面会更加新颖，版式也更具风格。

打开 Word 2010 文档窗口，选择"插入"选项卡，在"页眉和页脚"组中单击"页眉"或"页脚"按钮，选择要添加到文档中的页眉或页脚样式，可从库中添加页眉或页脚。若要返回至文档正文，单击"设计"选项卡中的"关闭页眉和页脚"按钮即可。

如果要添加自定义页眉或页脚，可双击页眉区域或页脚区域（靠近页面顶部或页面底部），将打开"页眉和页脚工具"中的"设计"选项卡，在"设计"选项卡中插入页码、日期和时间等对象，完成编辑后单击"关闭页眉和页脚"按钮即可。

（6）插入页码

在 Word 文档篇幅比较大或需要使用页码标明所在页的位置时，用户可以在文档中插入页码。默认情况下，页码一般位于页眉或页脚位置。

选择"插入"选项卡，在"页眉和页脚"组中单击"页脚"按钮，并在打开的页脚面板中选择"编辑页脚"命令，当页脚处于编辑状态后，在"设计"功能区的"页眉和页脚"组中依次单击"页码|页面底端"按钮，并在打开的页码样式列表中选择"普通数字1"或其他样式的页码即可。

三、操作指导

下载压缩文件"Word项目1资源"并解压缩。打开其中的文档"宋词欣赏_原始材料.docx"，另存为文件"宋词赏析.docx"，然后对该文档按以下步骤和要求进行排版，排版效果可参看PDF文档"宋词欣赏_样张.pdf"。

1. 页面设置

页面设置要求为：纸张大小为A4、宽度21厘米、高度29.7厘米；对称页边距，上、下边距各设置为0.8厘米，左、右边距分别设置为1.5厘米；页眉、页脚距边界均为1.1厘米。操作步骤如下：

（1）双击"宋词赏析.docx"文档，启动Word 2010并打开该文档。

（2）单击"页面布局"选项卡，在"页面设置"组中单击"纸张大小"命令按钮，在下拉列表中选择"A4(21×29.7厘米)"。

（3）在"页面设置"组中单击"页边距"命令按钮，选择"自定义边距"打开"页面设置"对话框，如图2-1所示。在"页边距"选项卡中将上、下边距各设置为0.8厘米，左、右边距分别设置为1.5厘米；在"版式"选项卡中将"页眉"、"页脚"都设置为"1.1厘米"，单击"确定"按钮。

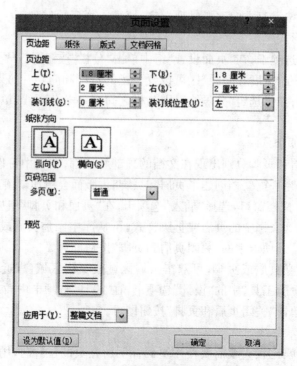

图2-1 "页面设置"对话框

2. 文档基本编辑

操作过程中若发生误操作,随时可使用"快速访问工具栏"上的"撤消"按钮取消操作。

(1) 给文档加标题"宋词赏析"

将光标移到文档第一段开始处,按下回车键,在空出的一行中输入标题"宋词赏析"。

(2) 查找和替换

将文中所有文字"她"替换为字体颜色为红色的"它",操作步骤如下:

① 将光标移到文档开始,单击"开始"选项卡,在"编辑"组中单击"替换"命令按钮,打开"查找和替换"对话框,如图 2-2 所示。

② 在"查找内容"中输入"她",在"替换为"中输入"它",然后单击"格式"按钮中的"字体",打开"替换字体"对话框,如图 2-3 所示。

③ 在"字体颜色"下拉列表框中选择"红色",单击"确定"按钮关闭对话框,回到图 2-2 所示对话框,会看到对替换文字的格式设置,如图 2-4 所示,单击"不限定格式"和"全部替换"按钮,替换完毕,单击"关闭"按钮。

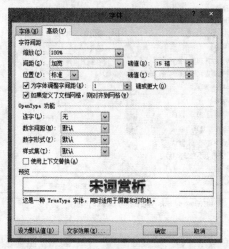

图 2-2 "查找和替换"对话框   图 2-3 "替换字体"对话框

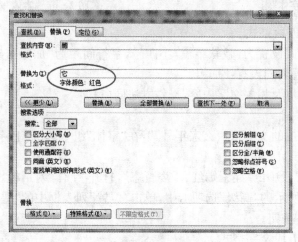

图 2-4 替换格式设置

3. 字符格式设置

(1) 设置文档标题格式

将标题格式设置为:微软雅黑、二号,文本效果为"渐变填充—蓝色,强调文字颜色1",字符间距为"加宽","磅值"为"15 磅",操作步骤如下:

① 选中标题"宋词赏析",单击"开始"选项卡,"字体"组显示如图2-5所示。

② 单击"字体"列表框右侧的下拉按钮,选择"微软雅黑"。

③ 单击"字号"列表框右侧的下拉按钮,选择"二号"。

④ 单击"文本效果"按钮,选择"渐变填充—蓝色,强调文字颜色1"。

⑤ 单击"字体"组右下角的对话框启动器，,打开"字体"对话框,在对话框中选择"高级"选项卡,将"间距"设置为"加宽","磅值"设置为"15 磅",结果如图2-6所示。

⑥ 单击"确定"按钮,完成标题格式设置。

图2-5　"字体"组　　　　　　　　　图2-6　"字体"对话框

(2) 设置正文前四段格式

将正文前四段格式设置为:微软雅黑,小四号,字符间距为"加宽",磅值为"0.5 磅",并将第三段文字"宋代著名词人有:"加粗。

选中正文前四段以及相关文字内容,操作方法同(1)。

(3) 设置上标

选定正文第一段中的文字"(唐玄宗年号)",在"字体"组中单击"上标"按钮。

(4) 设置水平提升

① 选中正文第二段中的"姹紫嫣红、千姿百态",打开"字体"对话框。

② 在如图2-6所示的"高级"选项卡中,单击"位置"列表框中的"提升",在"磅值"中输入4,然后单击"确定"按钮。

(5) 设置正文第五段文字格式

选中正文第五段文字"宋词精选",将格式设置为:幼圆,三号,倾斜,文本效果为"渐变填充一橙色,强调文字颜色 6,内部阴影",字符间距为"加宽","磅值"为"8 磅"。操作方法同(1)。

（6）设置宋词标题的格式

操作步骤如下：

① 选中正文中宋词标题"丑奴儿·书博山道中壁",设置格式为：楷体,加粗,四号。操作方法同(1)。

② 重新选中设置后的文字,双击"剪贴板"组中的"格式刷"按钮，然后使用刷子型光标将文中宋词标题"浣溪沙·漠漠轻寒上小楼"设置为相同的字体格式。

（7）设置宋词作者的格式

将"作者:辛弃疾"和"作者:秦观"文字内容设置为：楷体,加粗,五号,操作步骤同(6)。

（8）设置文中宋词词文格式

将两首词的格式设置为：楷体,加粗,小四号,操作步骤同(6)。

（9）设置"赏析"部分格式

将两首词的"赏析"部分格式设置为：仿宋,五号,黑色,并把"赏析"二字加粗。操作步骤同(6)。

（10）设置正文最后两段文字格式

选中正文最后两段文字,将格式设置为：宋体,小五号。

4. 段落格式设置

（1）设置文档标题段落格式

将文档标题"宋词赏析"段落格式设置为：居中,段后 0.5 行,操作步骤如下：

① 单击标题段落的任意位置,选择"段落"组右下角符号打开"段落"对话框,如图 2-7 所示。

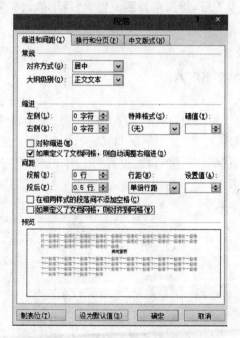

图 2-7 "段落"对话框

② 选择"缩进与间距"选项卡,将"对齐方式"设置为"居中",将"间距"中"段后"的值分别设置为"0.5行",单击"确定"按钮。

注意:设置间距时,要将"段落对话框"中"间距"下的"如果定义了文档网格,则对齐到网格"复选框中的√去掉。

(2) 设置正文第一段和第二段段落格式

设置正文第一段和第二段段落格式为:首行缩进2个字符,行距为"固定值,25磅",对齐方式为两端对齐。操作步骤如下:

① 选中正文的第一段和第二段,打开"段落"对话框,如图2-7所示。

② 在"段落"对话框中,选择"缩进与间距"选项卡,将"特殊格式"设置为"首行缩进",将"磅值"设置为"2字符",将"行距"设置为"固定值","设置值"为"25磅",将"对齐方式"设置为"两端对齐"。

(3) 设置正文第三至第五段段落格式

选中正文第三至第五段,将段前间距和段后间距均设为0.5行,第五段居中对齐,操作方法详见(1)和(2)。

(4) 设置正文第六至第九段(丑奴儿词)段落格式

选中正文第六至第九段,将段前间距和段后间距均设为0.5行,左缩进15个字符,第六和第七段居中对齐,其余两段为两端对齐。操作方法详见(1)和(2)。

(5) 设置正文第十一至第十四段(浣溪沙词)段落格式

选中正文第十一至第十四段,将段前间距和段后间距均为0.5行,右缩进15个字符,第十一和第十二段居中对齐,其余两段为两端对齐。操作方法详见(1)和(2)。

(6) 设置正文第十段和第十五段段落格式

选中正文第十段和第十五段,将段落行距设置为"最小值,15磅"。操作方法详见(1)和(2)。

5. 首字下沉和分栏设置

(1) 设置正文第一段首字下沉两行

操作步骤如下:

① 单击第一自然段中任意位置,单击"插入"工作区选项卡,在"文本"组中单击"首字下沉",选择"首字下沉选项(D)"打开"首字下沉"对话框,如图2-8所示。

② 将"位置"设置为"下沉","下沉行数"设置为2,单击"确定"按钮。

图2-8 "首字下沉"对话框

（2）设置分栏

将正文第二段设置成间距为 2 字符、等栏宽的两栏。操作步骤如下：

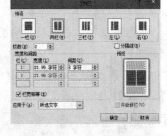

① 选中正文第二段，单击"页面布局"选项卡，在"页面设置"组中单击"分栏"，选择"更多分栏"打开"分栏"对话框，如图 2-9 所示。

② 在"预设"区域中选中"两栏"，在"间距"中输入"2 字符"，并选中"栏宽相等"复选框，最后单击"确定"按钮完成分栏。

图 2-9 "分栏"对话框

6. 设定制表位和插入项目符号

（1）设定制表位

分别在水平标尺的 4、14、24、34 处设定四个制表位，使正文第四段的词人名字依此对齐。操作步骤如下：

① 在第四段前按回车键插入一空行，单击"视图"选项卡，在"显示"组中选择"标尺"复选框，将标尺显示出来。

② 在水平标尺最左端选择"左对齐式制表符" ⬛ 按钮，然后在水平标尺的 4、14、24、34 处单击鼠标，设定左对齐制表位。

③ 将第四段第一个词人名字复制到水平标尺上第一个制表位 4 对应处，按【Tab】键，光标自动停留在第二个制表位 14 处，将第二个词人名字复制到此处；按【Tab】键，将第三个词人名字复制到第三个制表位 24 处；按【Tab】键，将第四个词人名字复制到第四个制表位 34 处。

④ 按下回车键，依照步骤③将后四个词人名字分别插入到设定的四个制表位。

图 2-10 "项目符号"列表

（2）插入项目符号

分别在第四、第五段的第一个词人名字前插入项目符号，操作步骤如下：

① 将光标定位到第四段第一个词人名字前，单击"开始"选项卡，在"段落"组中单击"项目符号"下拉列表框。

② 在"项目符号"列表中选择，如图 2-10 所示的项目符号。

本部分设置效果如图 2-11 所示：

图 2-11 制表位设定和项目符号插入效果

注意：如果列表中没有要添加的项目符号，可先选择"定义新项目符号（D）"打开"定义新项目符号"对话框，将要设置的项目符号添加到列表中。

7. 边框和底纹设置

将正文第六段"宋词精选"加上填充色"茶色,背景2",图案样式"5％"的底纹。操作步骤如下:

① 选定第六段文字,单击"开始"选项卡,在"段落"组中单击"边框"列表框,在打开的边框下拉列表中选择"边框和底纹"选项,打开"边框和底纹"对话框,如图2-12所示。

> 提示:为了避免将回车符选上,影响后面的段落格式,可在"选"后面先插入若干空格后,再选文字。

② 选择"底纹"选项卡,选择"填充"中"茶色,背景2";在"图案"区域"样式"中选择"5％";将"应用于"设置为"段落",单击"确定",完成底纹设置。

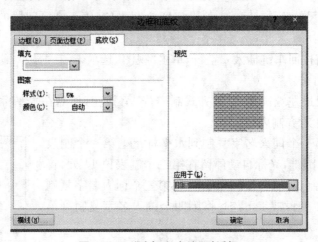

图2-12 "边框和底纹"对话框

8. 中文版式设置

(1) 将文中两首宋词除作者段落外,其余全部加上拼音注解

操作步骤如下:

① 选定正文第七段文字"丑奴儿·书博山道中壁",单击"开始"工作区选项卡,在"字体"组中单击"拼音指南"按钮,打开"拼音指南"对话框,如图2-13所示。

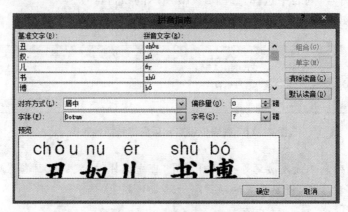

图2-13 "拼音指南"对话框

② "字体"设置为"Dotum"，"对齐方式"设置为"居中"，单击"确定"。

其余部分设置同上。

（2）将正文第八段文字"作者"设置为带圈字符

操作步骤如下：

① 选定文字"作"，单击"开始"工作区选项卡，在"字体"组中单击"带圈字符"按钮，打开"带圈字符"对话框，如图2-14所示。

② 选择"样式"中的"增大圈号"，单击"确定"按钮。

③ 再选定文字"者"，重复① ② 操作。

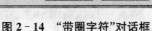
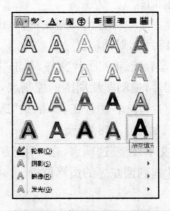

图 2-14　"带圈字符"对话框　　　　图 2-15　"文本效果"列表框

（3）将正文第十三段文字"作者"设置文本效果为"渐变填充——紫色，强调文字颜色4，映像"

操作步骤如下：

① 选定第十三段文字"作者"，单击"开始"选项卡，在"字体"组中单击"文本效果"按钮，弹出如图2-15所示列表框。

② 选中"渐变填充—紫色，强调文字颜色4，映像"，完成文字效果设置。

9. 插入页眉和脚注

（1）给文档页眉加上文字"中国古典诗词"，并设为隶书、五号、左对齐

操作步骤如下：

① 单击"插入"功能区选项卡，在"页眉和页脚"组中单击"页眉"按钮。

② 在下拉列表中选择"编辑页眉"命令，进入页眉编辑状态，如图2-16所示。

③ 输入"中国古典诗词"，并单击"开始"选项卡，在"字体"组中设置相应的字体、字号，在"段落"组中设置对齐方式。

④ 单击"关闭页眉和页脚"按钮退出编辑。

宋　词　赏　析

图 2-16　页眉编辑状态

（2）给两首词的作者分别插入脚注

操作步骤如下：

① 将光标置于第一首词作者"辛弃疾"的"辛"字前，单击"引用"选项卡，在"脚注"组中单击"插入脚注"按钮，此时页面左下方出现分割线。

② 将正文第十七段（关于辛弃疾的介绍）复制到脚注编号后。

③ 将光标置于第二首词作者"秦观"的"秦"字前，操作同① ②。

10. 图文混排

（1）在第一首词左部插入"辛弃疾.jpg"图片文件

操作步骤如下：

① 将光标置于第一首词标题左部，单击"插入"选项卡，在"插图"组中单击"图片"按钮，出现如图 2-17 所示对话框。

② 选中"辛弃疾.jpg"图片文件，单击"插入"按钮，在文档中插入图片。

③ 选中图片，拖动图片周围的控制点，调整图片大小，使图片高度与词同高。

④ 选中图片，单击"图片工具|格式"选项卡，在"大小"组中单击对话框启动器，打开"布局"对话框，如图 2-18 所示。

⑤ 单击"文字环绕"选项卡，在"环绕方式"中选择"四周型"，单击"确定"按钮。

⑥ 将图片拖到词左部的适当位置。

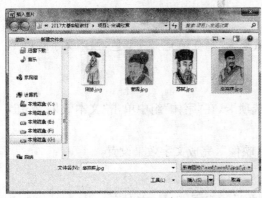

图 2-17 "插入图片"对话框

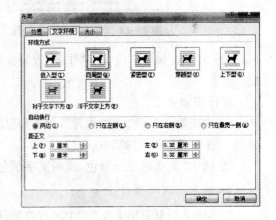

图 2-18 "布局"对话框

（2）在第二首词右部插入"秦观.jpg"图片文件

操作步骤同（1）。

11. 保存文档并退出 Word 2010

将编辑好的文档保存，并退出 Word 2010。

> 提示：在保存文件时有三个基本要素：存储位置、文件名和文件类型。

项目 1 最终效果如图 2 – 19 所示：

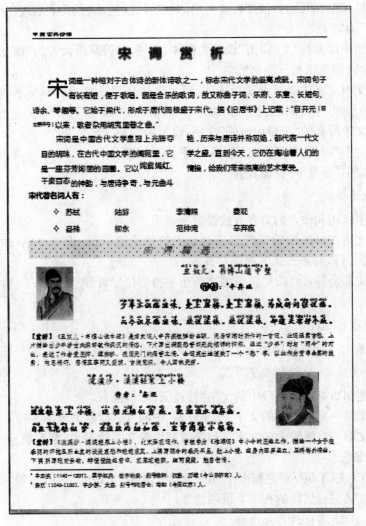

图 2 – 19　项目 1 最终效果

四、实战练习和提高

打开文件"项目 1 练习_原始材料. docx"，另存为文件"项目 1 练习. docx"，然后对文档按以下要求排版，在排版过程要注意边操作边保存文档。

1. 页面设置

页面设置要求：纸张大小为 16 开（18.4×26 厘米），对称页边距，上、下、左、右边距分别设置为 2 厘米，页眉、页脚均距边界 1.1 厘米。

2. 文档基本编辑

（1）文章加标题：空出第一行加标题"记得旧时好"。第二行加作者"文/得蜜"。

（2）查找和替换：将文中所有"孤狗"文字替换为字体颜色为红色的"Google"。

3．设置字体格式

（1）将文档标题"记得旧时好"设置为黑体、二号、红色，加点式下划线，字符间距设置为"加宽"，"磅值"为"2磅"。

（2）将文档中作者行"文/得蜜"设置为楷体、四号，字符间距设置为"加宽"，"磅值"为"1磅"，文字效果为"渐变填充—橙色"。

（3）将正文中文字体全部设置为宋体，西文字体全部设置为 Times New Roman，字形为常规，字号为小四，字符间距设置为"加宽"，"磅值"为"0.5磅"。

（4）将正文中所有的"记得旧时好"文字，设置为倾斜、蓝色。

（5）将正文中"明代大儒陈白沙"文字水平提升4磅。

（6）将正文中"百看不厌"设置为下标。

4．设置段落格式

（1）将文中标题和作者的对齐方式设置为居中。

（2）将正文第二自然段的首行缩进两个字符的位置，行距设为2倍，段前间距为0.5行、段后间距为1行，对齐方式为两端对齐。

（3）将正文其余各自然段的首行缩进两个字符的位置，行距设为1.5倍，对齐方式为两端对齐。

5．设置边框和底纹

将文档中最后一个自然段加上1.5磅双线边框和12.5％底纹。

6．设置中文版式、分栏和首字下沉

（1）给正文倒数第二自然段中的文字"波诡云谲"加拼音。

（2）给正文第一自然段中的文字"几乎成诵"中的"诵"设置为带圈字符。

（3）给正文第一自然段中的文字"《泡茶馆》"设置文本效果为"渐变填充——紫色，强调文字颜色4，映像"。

（4）将文档正文（不包括标题和作者）第一至第七自然段分成间距为1字符、等栏宽的三栏。

（5）将正文第三自然段的首字下沉两行。

7．插入分页符、项目符号和编号

（1）在正文最后一段后插入分页符，以添加一新页。

（2）插入项目符号和编号。

从文档第2页首行开始输入以下文字，并将文字设置为隶书、常规、小四，字符间距和位置设置为"标准"。

> 春天像刚落地的娃娃，从头到脚都是新的，它生长着。
> 春天像小姑娘，花枝招展的，笑着，走着。
> 春天像健壮的青年，有铁一般的胳膊和腰脚，他领着我们上前去。

然后将文字按以下形式插入项目符号和编号。

> ✻ 春天像刚落地的娃娃，从头到脚都是新的，它生长着。
> Ⅰ．春天像小姑娘，花枝招展的，笑着，走着。
> Ⅱ．春天像健壮的青年，有铁一般的胳膊和腰脚，他领着我们上前去。

8. 使用制表位创建类似表格结构

在文本中制作如下所示的会议日程安排,字体为宋体、五号,标题加粗,段落间距为 1.5 倍行距。

日期	时间	会议内容	主持人
11月21日	全天	报到	无
11月22日	上午	开幕式	李楠
11月22日	下午	报告会	李楠
11月23日	上午	组讨论	各小组负责人
11月23日	下午	闭幕式	王琦

9. 插入页眉和页脚

给文档页眉加上"记得旧时好"字样,并设为仿宋_GB2312、五号、居中。页脚加上"作者:得蜜"字样,并设为仿宋 GB_2312、五号、右对齐。

10. 保存文档并退出 Word 2010

将编辑好的文档保存,并退出 Word 2010。

项目 1 练习最终效果如图 2‑20 所示,或参看 PDF 文档"项目 1 练习_样张"

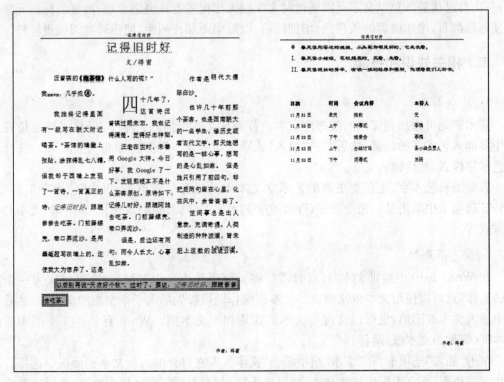

图 2‑20 项目 1 练习最终效果图

项目二　个人简历制作

一、内容描述和分析

1. 内容描述

个人简历是求职者获取工作机会、展示自我的重要材料。制作一份内容丰富、个性鲜明的简历将会更加吸引招聘者的注意，从而能在众多简历中脱颖而出。

设计个人简历的基本原则是强化优势，弱化不足，简历中一般包括个人信息、教育背景、实习经历、校园经历、技能证书、自我评价和求职意向等内容。

2. 涉及知识点

个人简历由封面、简历和成绩单三部分构成，涉及的主要知识有：插入艺术字、图片、形状等；文本框的使用；图文混排方法；表格的创建；表格的输入、编辑方法；表格的格式化和计算；数学公式的插入和编辑。

3. 注意点

由于个人简历涵盖内容不多，制作时要注意：保持同一种对齐方式可形成统一的视觉效果；突出自己优势的重点文字可以通过对文字加大加粗等方式突出显示；重复的标识元素可以使标题醒目，增加内容的条理性；增加段前、段后间距和行间距，使招聘者阅读更轻松。

二、相关知识和技能

1. 插入艺术字

艺术字是可添加到文档的装饰性文本。若要在文本中插入艺术字，可将光标定位在文档中要插入艺术字的位置，然后单击"插入"选项卡，在"文本"组中，单击"艺术字"。选择任一艺术字样式，然后键入文字。

若要编辑艺术字，先在要更改的艺术字文本中的任意位置单击，再在"艺术字工具"的"格式"选项卡中单击某一命令按钮，即可改变艺术字的样式、阴影效果、三维效果、大小和排列方式等。

2. 插入文本框

在 Word 2010 中编排文本时，有时需要将页面划分为几个区域，每个区域成为一个独立的整体，这可以使用文本框来解决。文本框操作既可以先插入一个空白的文本框，然后在其中插入文本或图形，也可以在现有文本的四周加上文本框。Word 有竖排文本框和横排文本框（简称为文本框）两种。

单击"插入"选项卡，在"文本"组中单击"文本框"，在打开的内置文本框面板中选择合适的文本框类型，在文本框内输入文本；也可单击"绘制文本框"，在文档中单击，然后通过拖动鼠标绘制所需大小的文本框。若要向文本框中添加文本，则先在文本框内单击，然后键入或粘贴文本。

若要编辑文本框,可单击文本框中的任意位置,在"文本框工具"的"格式"选项卡中单击某一命令按钮,改变文本框的样式、阴影效果、三维效果、大小和排列方式等。

如果绘制了多个文本框,则可将各个文本框链接在一起,以便文本能够从一个文本框延续到另一个文本框。单击其中一个文本框,然后在"文本框工具"的"格式"选项卡上的"文本"组中选择"创建链接"。

> **提示:**通过鼠标拖动也可改变文本框大小和调整文本框位置。如果文本框大小不合适,可以拖动文本框四周的控制点进行调整。如果要改变文本框在文档中的位置,可以将指针移到文本框的边框上,当出现四个方向的箭头时,按住鼠标左键将其拖动到其他位置后释放左键即可。

3. 插入图片或剪切画

在 Word 2010 中,可以将多种来源(包括从剪贴画网站提供者处下载、从网页上复制或从保存图片的文件夹插入)的图片和剪贴画插入文档。

(1) 插入剪贴画

打开文档,单击"插入"选项卡,在"插图"组中,单击"剪贴画",在"剪贴画"任务窗格的"搜索"文本框中,输入描述所需剪贴画的单词或词组,或输入剪贴画文件的全部或部分文件名并单击"搜索"按钮,在结果列表中,单击剪贴画将其插入。

若要调整剪贴画的大小,请选择在文档中插入的剪贴画。若要在一个或多个方向上增加或减小大小,请在执行下列操作之一时将尺寸控制点拖向或拖离中心:

● 若要保持对象中心的位置不变,请在拖动尺寸控制点时按住【Ctrl】。

● 若要保持对象的比例,请在拖动尺寸控制点时按住【Shift】。

● 若要保持对象的比例并保持其中心位置不变,请在拖动尺寸控制点时同时按住【Ctrl】和【Shift】键。

(2) 插入来自网页的图片

打开文档,将要插入的图片从网页拖动到 Word 文档中。

> **注意:**确保所选图片不是到其他网页的链接。如果拖动的是链接图片,则该图片将作为链接而不是图像插入文档。

(3) 插入包含网页超链接的图片

打开文档,在网页中右击要插入的图片后单击"复制"命令,然后在 Word 文档中右击要插入图片的位置,选择"粘贴"命令即可。

(4) 插入来自文件的图片

将光标定位在要插入图片的位置,单击"插入"选项卡,在"插图"组中单击"图片",找到要插入的图片双击鼠标,完成图片插入。

(5) 设置图片格式

默认情况下,Microsoft Word 插入图片的方式均为"嵌入"。对以嵌入方式插入的图片,首先单击该图片,此时图片四周出现若干个黑色的方块,该方块称为"尺寸控点",然后使用图片工具对其进行格式设置,如调整图片的颜色、饱和度,消除背景,裁剪图片,设置图片的样式、版式、效果、位置、大小等。单击要编辑的图片,在"图片工具"的"格式"选项卡上单击要操作的命令按钮完成相应设置。

4. 插入屏幕截图

屏幕截图适用于捕获可能更改或过期的信息的快照。此外,当从网页和其他来源复制内容时,通过任何其他方法都可能无法将它们的格式成功传输到文件中,而屏幕截图可以帮助实现这一点。如果创建了某些内容(例如网页)的屏幕截图,而源中的信息发生了变化,也不会更新屏幕截图。

单击"插入"选项卡,在"插图"组中单击"屏幕截图"按钮,然后单击要插入的程序窗口,可以插入整个程序窗口;也可以单击"屏幕剪辑",选择程序窗口的一部分。屏幕截图只能捕获没有最小化到任务栏的窗口。

5. 向文档中添加绘图

Word 2010 提供了绘图功能,即用户可以在文档中绘制各种形状的图形,如矩形、圆、箭头、流程图符号等。

单击文档中要创建绘图的位置,选择"插入"选项卡,在"插图"组中单击"形状",便可在插入绘图形状时出现的"绘图工具|格式"选项卡中执行以下任一操作:

(1) 插入形状。在"绘图工具|格式"选项卡上的"插入形状"组中,单击某一形状,然后单击文档中的任意位置,插入该形状。

(2) 更改形状。单击要更改的形状,在"绘图工具|格式"选项卡的"插入形状"组中选择"编辑形状",鼠标指向"更改形状",然后选择其他形状。

(3) 向形状中添加文本。单击要向其中添加文本的形状,然后键入文本。

(4) 组合所选形状。按住【Ctrl】键的同时选中要包括到组中的每个形状,在"绘图工具|格式"选项卡的"排列"组中,单击"组合",以便将所有形状组合成单个对象来处理。

(5) 在文档中绘制。在"绘图工具|格式"选项卡的"插入形状"组中,单击箭头展开形状选项,在"线条"选项下选择"任意多边形"或"自由曲线"。

(6) 调整形状的大小。选择要调整大小的一个或多个形状。在"绘图工具|格式"选项卡的"大小"组中,单击箭头或者在"高度"或"宽度"框中键入新尺寸。

(7) 对形状应用样式。在"形状样式"组中,将指针停留在某一样式上以查看应用该样式时形状的外观,单击样式以应用,或者单击"形状填充"或"形状轮廓"并选择所需的选项。

(8) 添加带有连接符的流程图。在创建流程图之前,可通过单击"插入"选项卡"插图"组中的"形状"按钮,然后单击"新建绘图画布"添加绘图画布。在"绘图工具|格式"选项卡的"插入形状"组中单击一种流程图形状,在"线条"选项中选择一种连接符线条,如"曲线箭头连接符"。

(9) 使用阴影和三维效果。在"格式"选项卡的"形状样式"组中,单击"形状效果"按钮,然后选择一种效果,以增加绘图中形状的吸引力。

(10) 对齐画布上的对象。若要对齐对象,按住【Ctrl】键并选择要对齐的对象。在"排列"组中,单击"对齐",然后从各种对齐命令中选择一种命令进行对齐。

6. 使用数学公式

数学公式因结构比较特殊而且变化形式极多,编排起来一般不太容易。Word 2010 提供了可以轻松地插入到文档中的内置公式。如果内置公式不能满足需要,可以编辑、更改现有公式,或从头开始编写自己的公式。Word 2010 以前的版本使用"Microsoft 公式 3.0"加载项或"Math Type"加载项。如果使用以前版本编写了一个公式,然后希望使用 Word 2010 编辑此公式,则需要使用先前用来编写此公式的加载项。

(1) 插入公式

单击"插入"工作区选项卡,在"符号"组中单击"公式"下边的箭头,单击"插入新公式",然后按要求编写公式。

(2) 插入常用的或预先设好格式的公式

单击"插入"工作区选项卡,在"符号"组中单击"公式"下边的箭头,单击所需的内置公式。

(3) 编写公式时插入常用数学结构

按照(1)的方法插入新公式后,若要在公式中插入一些常用数学结构,则单击插入的公式,然后按以下步骤操作:

① 在"公式工具"的"设计"选项卡上的"结构"组中,单击所需的结构类型,然后选择所需的结构;

② 如果在结构中包含占位符(公式中的小虚框),则在占位符内单击,然后输入所需的数字或符号。

(4) 编辑用以前版本编写的公式

若要编辑用以前版本编写的公式,必须使用编写该公式的 "Microsoft 公式 3.0"公式编辑器或 "Math Type "加载项。

双击要编辑的公式,即可打开"Microsoft 公式 3.0"公式编辑器对公式进行编辑。

> **注意**:① 如果转换文档并将其保存为 .docx 文件,则将无法使用先前版本的 Word 更改文档中的任何公式。② 插入和编辑公式,也可依次单击"插入|对象",在"对象"对话框中选择"Microsoft 公式 3.0",从而可用老版的公式编辑器来编辑公式。

7. 利用绘图画布组织多个图形

利用 Word 2010 中的绘图画布可以将文档中的图片、文本框、直线等组织在一起,使它们成为一个整体,便于排版。

单击"插入"选项卡,在"插图"组中单击"形状"按钮,然后选择"新建绘图画布",此时会在文档中插入一个背景为白色的矩形区域,这就是绘图画布,在其中可以插入图片、绘图形状和文本框等。

8. 插入表格

在 Word 中,可以通过以下三种方式来插入表格:

(1) 使用表格模板

可以使用表格模板并基于一组预先设好格式的表格来插入一张表格。表格模板包含示例数据,可以帮助用户设计添加数据时表格的外观。

将光标定位到要插入表格的位置,单击"插入"选项卡,在"表格"组中选择"表格|快速表格",再单击需要的模板,使用所需的数据替换模板中的数据。

(2) 使用"表格"菜单

单击"插入"选项卡,在"表格"组中单击"表格",然后在"插入表格"下,拖动鼠标选择需要的行数和列数。

(3) 使用"插入表格"命令

"插入表格"命令可以让用户在将表格插入文档之前,选择表格尺寸和格式。

单击"插入"选项卡,在"表格"组中单击"表格"按钮,然后选择"插入表格"命令,在"表格尺寸"项输入列数和行数;在"'自动调整'操作"区域中,选择某一选项以调整表格尺寸。

9. 绘制表格

在 Word 中,用户可以绘制复杂的表格,例如,绘制包含不同高度的单元格的表格或每行的列数不同的表格。

将光标定位到要插入表格的位置,单击"插入"选项卡,在"表格"组中单击"表格|绘制表格",指针会变为铅笔状,可用此绘制表格。要擦除一条线或多条线,在"表格工具|设计"选项卡的"绘制边框"组中,选择"擦除",然后再单击要擦除的线条即可。

绘制完表格后,在单元格内单击鼠标,可以输入文字或插入图形。

10. 将文本转换成表格

在 Word 2010 中插入分隔符(如逗号或制表符)表示将文本分成列的位置;使用段落标记表示要开始新行的位置。

选择要转换的文本。单击"插入"选项卡,在"表格"组中单击"表格"按钮,然后单击"文本转换成表格",打开"文本转换成表格"对话框。在对话框的"文字分隔符"区域中,单击要在文本中使用的分隔符对应的选项即可。

11. 调整表格

(1) 选定单元格、行、列

选定一个单元格:将指针指向单元格左边框,当指针变成"➚"时单击,即可选定该单元格。

选定一行:将指针指向某行左侧,当指针变成"⟋"时单击,即可选定该行。

选定一列:将指针指向某列顶端的边框,当指针变成"↓"时单击,即可选定该列。

选定单元格区域:将指针指向要选定的第一个单元格,拖动指针至最后一个单元格,再释放左键,即可选定该单元格区域。

选定整个表格:将指针置于表格中,当表格的左上角出现表格移动控点"✛"图标时,单击该图标即可选定整个表格。

(2) 添加或删除单元格、行、列

添加行、列:将光标置于表格中要插入的位置,单击"表格工具"的"布局"选项卡,在"行和列"组中单击相应功能按钮即可。

删除行、列、单元格或表格:如果要删除表格中的内容,只需选中要删内容按【Delete】键即可;如果要删除整个表格,或整行、整列,将光标置于要删除的位置,单击"表格工具"的"布局"选项卡,在"删除"组中单击相应功能按钮即可。

（3）合并和拆分单元格

合并单元格：选中要合并的两个或多个单元格，单击"表格工具|布局"选项卡，在"合并"组中单击"合并单元格"按钮。

拆分单元格：将光标定位于要拆分的单元格内，单击"表格工具|布局"选项卡，在"合并"组中单击"拆分单元格"按钮。

拆分表格：将光标定位于要拆分的位置，单击"表格工具|布局"选项卡，在"合并"组中单击"拆分表格"按钮。

（4）调整行高或列宽

调整表格整体尺寸：将鼠标指针停留在表格的任意位置上，直到表格尺寸控点（位于末行行尾的小矩形框）出现在表格的右下角。移动光标指针使之停留在表格尺寸控点上，直到鼠标指针变为双向箭头"↘"，然后按住鼠标左键将表格的边框拖动到所需尺寸即可。除此以外，也可单击"表格工具|布局"选项卡，在"单元格大小"组中精确设置表格的行高与列宽。

使用表格的自动调整功能：将光标置于将要调整的单元格内，单击"表格工具|布局"选项卡，在"单元格大小"组中单击"自动调整"，并根据需要单击其中任一选项，Word 会自动根据选择对行或列进行调整。

12. 表格的修饰

（1）设置表格在文档中的位置

表格在文档中默认的是左对齐方式，也可根据需要调整其对齐方式。选定表格，单击"表格工具|布局"选项卡，在"表"组中单击"属性"按钮，打开"表格属性"对话框，单击对话框的"表格"选项卡，选择"对齐方式"中的选项可以设置表格在文档中的水平位置，也可使用快捷菜单中的"表格属性"命令进行设置；选择"文字环绕"中的选项可以可用于设置表格与其周围文字进行混合排版的方式。

（2）设置表格中文字的对齐方式

表格中文字的对齐方式分为水平对齐和垂直对齐，水平对齐包括左对齐、居中和右对齐。垂直对齐包括顶端对齐、居中和底端对齐，一共可以组成 9 种不同的对齐方式，默认的是"靠上两端对齐"。

设置表格中文字对齐方式的方法是：① 选定要设置对齐方式的单元格区域；② 单击"表格工具|布局"选项卡，在"对齐方式"组中单击相应功能按钮。也可使用快捷菜单中的"单元格对齐方式"命令进行设置。

（3）设置图片在表格中的位置

在排版过程中，有时需要在表格中插入图片，但如果直接在默认创建的表格中插入图片，可能达不到理想的效果。为了获得理想的插入效果，可按照以下步骤操作：

① 单击"表格工具|布局"工作区选项卡，在"表"组中单击"属性"功能按钮，打开"表格属性"对话框。

② 在对话框的"表格"选项卡中单击"选项"按钮打开"表格选项"对话框，取消选中"自动重调尺寸以适应内容"复选框，使插入的图片会随单元格大小而自动缩放，同时修改"默认单元格边距"文本框中的值，调整图片与单元格之间的间距至合适的值。

（4）设置边框和底纹

设置表格的边框和底纹是 Word 的常用操作之一，这样可以在一定程度上美化表格，并使得表格突出醒目。

选定要设置边框和底纹的单元格,右击并选择"边框和底纹"命令,打开"边框和底纹"对话框;在"边框"选项卡中可设置表格边框,在"底纹"选项卡中可设置表格底纹。

三、操作指导

下载压缩文件"Word 项目 2 资源"并解压缩。启动 Word 2010,新建一空白 Word 文档,设置"页边距"上、下均为"2 厘米",将文档保存为"个人简历.docx",然后按以下步骤操作,操作时可以参考"个人简历_样张.pdf"。

1. 封面的设计与制作

封面作为个人简历的门面,设计时要注重对主题的提炼,以给人过目不忘的感觉。封面内容一般含有:学校名称、专业名称、姓名、联系方式等。这是通过简历大致掌握一个人基本情况的要素。另外,封面设计可结合格言和图案的搭配,简洁明了。

以下介绍按照如图 2－21 所示效果设计和制作个人简历封面的方法。

图 2－21　封面设计效果

（1）插入图片

分别在图 2－21 所示位置插入"常大 LOGO.jpg"和"我可以.jpg"两个文件,并设置"我可以"图片"衬于文字下方"。操作步骤如下:

① 如图 2－21 所示,将光标置于"常大 LOGO"所在位置,单击"插入"选项卡,在"插图"组中单击"图片"按钮,打开"插入图片"对话框。

② 选中图片文件"常大 LOGO.jpg",单击"插入"按钮。

③ 选中图片,拖动图片周围的控制点,依照图 2－21 所示调整图片大小。

④ 依照①②③步骤把"我可以.jpg"图片文件插到图 2－21 中所示位置。

⑤ 单击"图片工具|格式"选项卡,在"大小"组中单击对话框启动器,打开"布局"对话框。

⑥ 选择"文字环绕"选项卡,在"环绕方式"中选择"衬于文字下方",单击"确定"按钮。

(2) 插入艺术字

在图 2−21 所示位置插入艺术字"个人简历",并设置"艺术字样式"为"填充—红色,强调文字颜色 2,粗糙棱台",字体字号为微软雅黑、加粗、小初,对齐方式为居中。操作步骤如下:

① 将光标置于图 2−21 所示位置,单击"插入"选项卡,在"文本"组中单击"艺术字",打开如图 2−22 所示"样式"列表,在列表中选择"填充—红色,强调文字颜色 2,粗糙棱台"样式。

② 在编辑框中输入文字"个人简历",并设置字体为微软雅黑、小初、加粗。

③ 选中插入的艺术字,右击鼠标,在弹出的快捷菜单中单击"其他布局选择"命令,打开"布局"对话框,在"位置"选项卡中设置艺术字的水平对齐方式为"居中"。

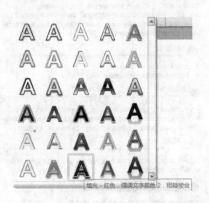

图 2−22 "艺术字样式"列表

(3) 插入文本框

在图 2−21 所示位置插入文本框,输入毕业院校、专业等文字,并将格式设置为微软雅黑、小二、加粗,下划线为粗线,两端对齐,段前、段后分别为 0.7 行,无线条。操作步骤如下:

① 单击"插入"选项卡,在"文本"组中依次单击"文本框|绘制文本框",光标变为十字形状,在图 2−21 所示位置插入文本框,大小如图 2−21 所示。

② 在文本框中输入文字"毕业院校:",然后单击"字体"组中的"下划线"下拉按钮,选择"粗线",输入空格直到文本框右边界,再单击"下划线"取消下划线设置,按回车键使光标换行。

③ 在文本框中依次输入专业、姓名等文字内容,操作同②。

④ 将文本框中所有文字设置为微软雅黑、小二、加粗,对齐方式为两端对齐,段前、段后分别为 0.7 行。

⑤ 右击插入的文本框,在弹出的快捷菜单中选择"设置形状格式"打开相应对话框,设置"线条颜色"为"无线条"。

2. 简历的制作

个人简历的第 2 页为其核心内容——简历。撰写简历应列举对申请职位有实际价值的资料,做到简洁明了,内容主要包括:个人信息、教育背景、实习经历、校园经历、技能证书、自我评价和求职意向。

以下介绍按照如图 2-23 所示效果设计和制作简历的方法。

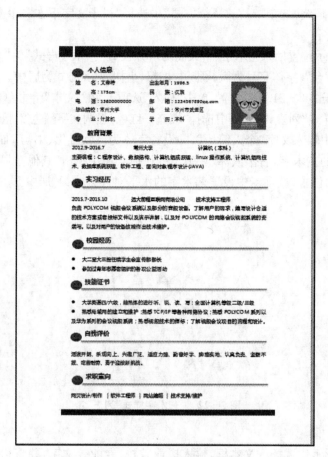

图 2-23　简历页设计效果

将光标置于文挡"个人简历.docx"第 1 页末尾,单击"插入"选项卡,在"页"组中单击"分页"按钮,插入第 2 页,打开已下载文件"个人简历_原始材料.docx",然后依次完成以下任务。

(1) 制作简历上边界

在第一行插入两个如图 2-23 所示大小的矩形,"形状填充"和"形状轮廓"颜色均为"深蓝—文字 2",并组合为一个图形。操作步骤如下:

① 将光标移到文档开头,单击"插入"选项卡,在"插图"组中单击"形状"命令按钮,在下拉列表中选择"矩形"中的"矩形"图,如图 2-24 所示。

② 按住鼠标左键并拖动画出短矩形,同样方法再画较长的矩形,大小和位置如图 2-23 所示。

③ 单击"绘图工具|格式"选项卡,在"形状样式"组中选择"形状填充"和"形状轮廓",将颜色均设置为"深蓝—文字 2"。

④ 单击第一个矩形,然后在按下【Ctrl】键的同时

图 2-24　"插图"组

单击另一个矩形,从而同时选中两个矩形;单击鼠标右键,在弹出的快捷菜单中选中"组合",将两个矩形组合在一起。

(2) 插入形状笑脸、文本框和线条,制作简历分区符

操作步骤如下:

① 将光标置于简历上边界的下面,单击"插入"选项卡,在"插图"组中单击"形状",在下拉列表中选择"基本形状"中的"笑脸"图,设置"形状填充"为"蓝色—强调文字颜色 1","形状轮廓"颜色为"深蓝—文字 2"。

② 将光标置于笑脸图右边,插入文本框,设置"线条颜色"为"无线条",输入文字:个人信息,设置字体为微软雅黑、小四号、深蓝、加粗。

③ 单击"插入"选项卡,在"插图"组中单击"形状",在下拉列表中选择"线条"中的"直线",在文本框的下方插入线条,设置"形状样式"为"中等线—强调颜色 1"

④ 将笑脸、文本框和线条组合在一起完成简历分区符的制作,如图 2-25 所示。

图 2-25 简历分区符

(3) 填写个人信息

操作步骤如下:

① 在水平标尺的 3、17 处分别设定两个左对齐制表位,这样通过【Tab】键可使个人信息依此对齐。

② 将"个人简历_原始材料. docx"中个人信息的有关内容,参照图 2-23 依次复制到本文档相应位置,设置字体为微软雅黑、五号、黑色,设置段前、段后为 0 行。

③ 单击"插入"选项卡,在"插图"组中单击"图片"按钮,打开"插入图片"对话框,选择"证件照. jpg"图片文件,单击"插入"按钮。

④ 参照图 2-23 调整图片大小,设置"环绕方式"为"紧密型",并将图片拖至个人信息右边。

(4) 填写教育背景并设置格式

操作步骤如下:

① 复制图 2-25 所示的简历分区符并移动到个人信息下面,将文本框内容改为"教育背景"。

② 将"个人简历_原始材料. docx"中教育背景的有关内容,参照图 2-23 依次复制到本文档相应位置,设置字体为微软雅黑、五号、黑色,单倍行距,段前、段后设置为 0 行。

> **注意**:粘贴时要选择"保留原格式"。

(5) 填写实习经历并设置格式

操作步骤如下:

① 复制图 2-25 所示的简历分区符并移动到教育背景下面,将文本框内容改为"实习经历"。

② 将"项目 2—个人简历_原始材料. docx"中实习经历的有关内容,参照图 2-23 依次复

制到本文档相应位置,设置字体为微软雅黑、五号、黑色,单倍行距,段前、段后设置为0行。

(6)填写校园经历并设置格式

操作步骤如下:

① 复制图2-25所示的简历分区符并移动到实习经历下面,将文本框内容改为"校园经历"。

② 将"个人简历_原始材料.docx"中校园经历的有关内容,参照图2-23依次复制到本文档相应位置,在每条信息前插入项目符号●,设置字体为微软雅黑、五号、黑色,单倍行距,段前、段后设置为0行。

(7)填写技能证书并设置格式

操作步骤如下:

① 复制图2-25所示的简历分区符并移动到校园经历下面,将文本框内容改为"技能证书"。

② 将"项目2—个人简历_原始材料.docx"中技能证书的有关内容,参照图2-23依次复制到本文档相应位置,在每条信息前插入项目符号●,设置字体为微软雅黑、五号、黑色,单倍行距,段前、段后设置为0行。

(8)填写自我评价并设置格式

操作步骤如下:

① 复制图2-25所示的简历分区符并移动到技能证书下面,将文本框内容改为"自我评价"。

② 将"个人简历_原始材料.docx"中自我评价的有关内容,参照图2-23依次复制到本文档相应位置,设置字体为微软雅黑、五号、黑色,单倍行距,段前、段后设置为0行。

(9)填写求职意向并设置格式

操作步骤如下:

① 复制图2-25所示的简历分区符并移动到自我评价下面,将文本框内容改为"求职意向"。

② 将"个人简历_原始材料.docx"中求职意向的有关内容,参照图2-23依次复制到本文档相应位置,设置字体为微软雅黑、五号、黑色,单倍行距,段前、段后设置为0行。

(10)制作简历下边界

如图2-23所示,插入一个矩形,将"形状填充"和"形状轮廓"颜色均设置为"深蓝—文字2"。操作步骤如下:

① 将光标移到文档最后一行,单击"插入"功能区选项卡,在"插图"组中单击"形状",在下拉列表中选择"矩形"中的"矩形"图。

② 按住鼠标左键并拖动画出短矩形,大小和位置。

③ 单击"绘图工具"下"格式"选项卡,设置"形状填充"和"形状轮廓"颜色均为"深蓝—文字2"。

3. 成绩单制作

个人简历第3页为成绩单页,列出了在大学期间的学习成绩和排名情况,是求职者求职的重要支撑材料。

以下介绍按照图2-26所示制作成绩单的主要步骤。

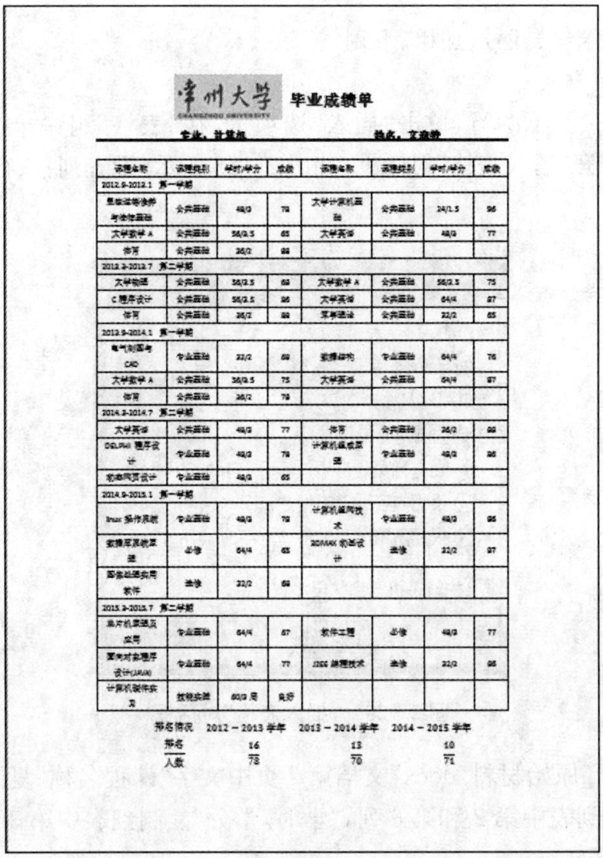

图 2‑26　成绩单页制作效果

　　将光标置于文挡"个人简历.docx"第 2 页末尾,单击"插入"选项卡,在"页"组中单击"分页"按钮,插入第 3 页,然后按以下步骤操作:

　　(1)制作表头

　　① 将光标置于第 3 页首行,单击"插入"选项卡,在"插图"组中单击"图片"按钮,出现"插入图片"对话框。

　　② 选中文件"LOGO.jpg",单击"插入"按钮插入图片。

　　③ 设置图片高度为 1.14 厘米,宽度为 3.84 厘米,环绕方式为"上下型";

　　④ 选中图片,单击"图片工具|格式"选项卡"调整"组中的"颜色"按钮,在下拉列表中选择"颜色饱和度"中的"饱和度:0%"选项,效果如图 2‑27 所示。

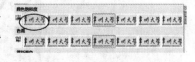

图 2‑27　颜色饱和度列表

　　⑤ 插入文本框,输入文字"毕业成绩单",设置格式为"宋体、三号、加粗"。

　　⑥ 将图片和文本框组合后,移至第 3 页首部,并居中放置。

　　(2)输入个人信息并设置格式

　　操作步骤如下:

　　① 将光标置于表头下两行,对应标尺 8 处,输入"专业:计算机",对应标尺 26 处,输入

"姓名：文森特"。

② 设置字体为宋体、五号、加粗、下划线双线。

（3）制作成绩单框架

① 将光标置于表头下两行，单击"插入"选项卡，在"表格"组中单击"表格"按钮，选择"插入表格"命令，打开"插入表格"对话框，如图 2－28 所示，设置列数、行数分别为 8 和 5，单击"确定"按钮。

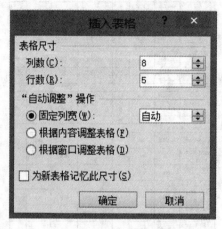

图 2－28　"插入表格"对话框

② 将"个人简历_原始材料.docx"文档第 2 页中文字"课程名称"复制到表中第 1 和第 5 列，"课程类别"复制到表中第 2 和第 6 列，"学时/学分"复制到表中第 3 和第 7 列，"成绩"复制到表中第 4 和第 8 列。

③ 选定表格，设置字体为宋体、小五。

④ 同时选定表格第 1 和第 5 列，单击"布局"选项卡"表"组中的"表格属性"按钮，打开图 2－29 所示"表格属性"对话框，设置列宽为"2.5 厘米"。

⑤ 同④ 操作，分别设置第 2 和第 6 列、第 3 和第 7 列列宽为"1.8 厘米"，第 4 和第 8 列列宽为"1.2 厘米"。

图 2－29　"表格属性"对话框

⑥ 选中表格，单击"布局"选项卡"对齐方式"组中的"水平居中"按钮，使单元格文字水平垂直都居中。

⑦ 选中表格第 2 行，单击"布局"选项卡"合并"组中的"合并单元格"按钮，将其合并为一列，并设置对齐方式为"左对齐"。

制作完成的成绩单框架如 2-30 图所示。

课程名称↵	课程类别↵	学时/学分↵	成绩↵	课程名称↵	课程类别↵	学时/学分↵	成绩↵
↵							
↵	↵	↵	↵	↵	↵	↵	↵
↵	↵	↵	↵	↵	↵	↵	↵
↵	↵	↵	↵	↵	↵	↵	↵

图 2-30 成绩单框架

（4）填写成绩单

操作步骤如下：

① 选中成绩单框架第 2～5 行，单击"复制"按钮，然后将光标置于表中第 5 行，单击"粘贴"，在"粘贴选项"中选择"以新行的形式插入"，以增加格式同第 2～5 行的新行。

② 重复① 操作 4 遍，增加更多的新行，成绩单表格如 2-26 图所示。

③ 将"项目 2—个人简历_原始材料.docx"文档中相关文字依照图 2-26 所示复制到表格中相应位置。

（5）以数学公式形式插入排名情况

操作步骤如下：

① 将光标移到成绩单下面，单击"插入"选项卡，在"符号"组中单击"公式"按钮，选择"插入新公式"菜单命令。

② 单击"公式工具|设计"选项卡"结构"组中的"矩阵"按钮在此处键入公式。

在下拉列表中选择"空矩阵"中的"2×2 空矩阵"，生成如图 2-31 所示空矩阵。

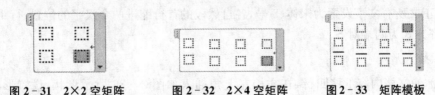

图 2-31 2×2 空矩阵　　**图 2-32 2×4 空矩阵**　　**图 2-33 矩阵模板**

③ 选中图 2-31 第一行后面一个占位符，选择"空矩阵"中"1×3 空矩阵"。对第二行做同样操作，生成如图 2-32 所示 2×4 空矩阵。

④ 选中图 2-32 第二行第 1 个占位符，选择"结构"组中的"分数（竖式）"。对第二行其他占位符做同样操作，生成如图 2-33 所示矩阵。

⑤ 将"个人简历_原始材料.docx"文档中排名情况的相应内容复制到公式中，设置字体为宋体、五号，并适当调整位置，结果如图 2-34 所示。

排名情况　　2012-2013 学年　　2013-2014 学年　　2014-2015 学年

排名　　$\dfrac{16}{78}$　　$\dfrac{13}{70}$　　$\dfrac{10}{71}$

人数

图 2-34 排名情况效果

4. 将最终文档另存为"PDF"格式文件

打开"文件"选项卡中"另存为"对话框中,选择"保存类型"为 PDF,文件名不变,单击"保存"按钮,完成文档制作。

项目 2 最终效果如图 2–35 所示

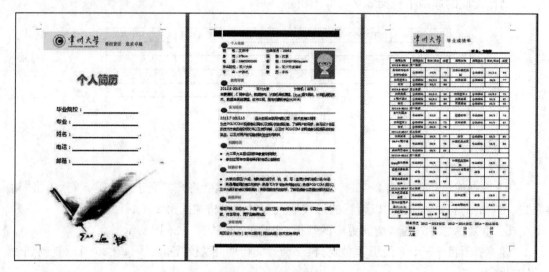

图 2–35　项目最终效果

四、实战练习和提高

打开文件"项目 2 练习_原始材料. docx",另存为"项目 2 练习. docx",然后对文档按以下要求排版:

1. 基本编辑

将正文所有文字设置为宋体、5 号,各自然段的首行缩进两个汉字的位置,行距设为 1.5 倍,对齐方式为两端对齐。

2. 插入形状

(1) 使文档内容下移四行,在文档左上角插入如图 2–36 所示形状,设置形状样式为"彩色轮廓—红色,强调颜色 2",形状填充为"黄色",形状效果为"红色,8pt 发光,强调文字颜色 2"。

(2) 添加文字"美文欣赏",设置格式为隶书、2 号、黑色、居中。

图 2–36　形状效果

3. 插入并设置艺术字标题

（1）删除文档中原来的标题和作者，再使正文下移 3 行。

（2）插入艺术字"记得旧时好—得蜜"作为文章的标题，设置字体为楷体、字号 40、加粗。

（3）将艺术字样式设置为"渐变填充—蓝色，强调文字颜色 1"，形状设为波形 1，环绕方式为上下型，居中。

4. 在画布中插入剪贴画和文本框

（1）在文档正文第二段中间插入一幅画布并适当调整大小。

（2）在画布上插入一幅和书有关的剪贴画。

（3）在画布上再插入一文本框，在文本框中输入文字"书籍是人类的朋友"，设置为宋体、小五号、红色，加粗，线条颜色为无线条。

（4）设置画布"环绕方式"为"四周型"。

5. 在文档正文后插入以下数学公式

$$y = \int_1^\infty (2x + 3x^2) dx$$

6. 制作学生成绩表

在文档第 1 页末尾插入分页符，使文档另起一页。

（1）在第 2 页开头，插入如图 2-37 所示表格，在表格上部输入文字"学生成绩表"，设置为宋体、加粗、小五、居中。然后依图所示输入表中相应文字，并将表中文字设置为宋体、5 号。

学号	姓名	大学英语	计算机	高等数学	普通物理	总分
010108	胡容华	88	86	84	82	
020301	谢 君	77	88	99	66	
020803	高 阳	83	79	86	92	
020609	李 楠	96	91	89	89	
010301	王小平	93	96	90	90	

图 2-37 原始表格

（2）设置表格行高为"0.9cm"，列宽为"2.0cm"。

（3）在表格第一行上部增加一空行，然后分别将第一行和第二行的第一列合并，将第一行的第二至第六列合并，第一行和第二行的最后一列合并。

（4）表中所有单元格对齐方式设置为水平和垂直居中。

（5）将表头（第一、第二行）文字加粗并设置底纹为"30％"，给表格外框加宽度为"1.5磅"，颜色为"绿色"的"双线框"。

（6）应用公式统计出每个学生的总分。

制作完成的表格如图 2-38 所示：

学生成绩表

学号	课程					总分
	姓　名	大学英语	计算机	高等数学	普通物理	
010108	胡容华	88	86	84	82	340
020301	谢君	77	88	99	66	330
020803	高阳	83	79	86	92	340
020609	李楠	96	91	89	89	365
010301	王小平	93	96	90	90	369

图 2-38　学生成绩表

7. 保存文档并退出 Word 2010

将编辑好的文档保存,并退出 Word 2010。

项目 2 练习最终效果如图 2-39 所示,或参看 PDF 文档"项目 2 练习_样张"。

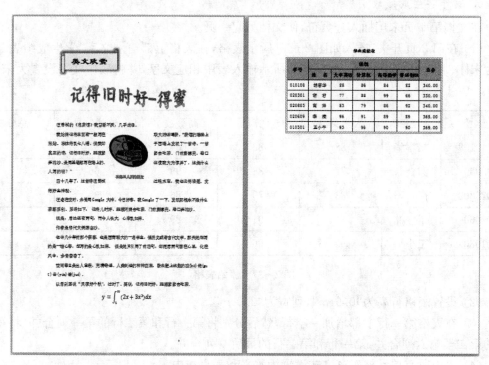

图 2-39　项目 2 练习最终效果图

【微信扫码】
Word 项目 3 资源

项目三 长论文排版

一、内容描述和分析

1. 内容描述

长论文一般长达数十页，需要符合众多的格式要求，其排版工作对大多数人来说都是一个不小的挑战。高校学生经常要撰写的各种实习报告和论文等都属于长论文，格式复杂、要求高，因此，学会应用 Word 进行长论文排版是每个学生应该掌握的基本技能。

本项目以高校学生的毕业论文排版为例，介绍长论文排版有关的方法和技巧，从而使学生在短时间内快速掌握长论文的排版方法。

学生毕业论文包括封面、摘要、目录、正文、参考文献和致谢等多个部分，本项目对其进行了简化处理，即仅对目录、正文和参考文献三个部分进行排版，主要涉及：页面设置、标题和正文样式设置、通过多级列表设置标题的编号、添加目录、画框图、为图片和表格添加题注、为图片添加交叉引用、对文档插入不同的页眉页脚、应用尾注重新整理参考文献等。

2. 涉及知识点

字体和段落设置；页面设置；创建样式、多级列表、目录、题注、交叉引用、尾注等常用元素；插入形状、页眉、页脚、页码等。

3. 注意点

长论文一般长达数十页，排版时要按照先总体，再局部的顺序。排版时还要注意前后功能的衔接，例如要先给图片加题注后，再在文档中为图片添加交叉引用。此外，为便于快速定位，可使用文档结构图查看和定位文档。

二、相关知识和技能

1. 新样式的创建

在 Word 文档中，自带了许多内置样式，用于文档的编辑排版工作，但是，如果在实际应用中，需要其他样式，可以自行创建。

创建新样式的方法是：单击"开始"选项卡 "样式"组的对话框启动器，打开"样式"窗口，单击位于"样式"窗口的左下角的"新建样式"命令按钮，即可打开"根据格式设置创建新样式"对话框，进行新样式的设置。

2. 文档结构图

在使用 Word 2010 编辑文档时，有时需要查看文档结构图，以便更清晰地了解整个文档的标题结构。

文档结构图是 Word 中主要显示文档结构的视图，单击"视图"选项卡下"显示"组中的"导航窗格"按钮，即可打开文档结构图，Word 文档的结构一目了然，例如义档目录、标题等。

3. 添加题注

有的 Word 文档中含有大量的图、表格等，为了能更好地管理这些对象，可以为它们添加题注。添加了题注的对象会获得一个编号，并且在删除或添加某对象时，所有的编号会自动改变，以保持编号的连续性。

在 Word 2010 文档中添加某对象题注的方法如下：

第 1 步，右击需要添加题注的对象，在打开的快捷菜单中选择"插入题注"命令；或者选中图片，在"引用"功能区的"题注"组中单击"插入题注"按钮。

第 2 步，在打开的"题注"对话框中单击"编号"按钮，打开"题注编号"对话框。

第 3 步，在打开的"题注编号"对话框中，单击"格式"下拉按钮，在打开的格式列表中选择合适的编号格式。如果希望在题注中包含 Word 2010 文档章节号，则需要选中"包含章节号"复选框。设置完毕单击"确定"按钮，返回"题注"对话框。

第 4 步，在"题注"对话框中，可以在"标签"下拉列表中选择合适的标签（例如 Figure），也可以单击"新建标签"按钮，在打开的"新建标签"对话框中创建自定义标签（例如"图"），并在"标签"列表中选择自定义的标签。如果不希望在图片题注中显示标签，可以选中"题注中不包含标签"复选框。单击"位置"下拉按钮选择题注的位置（例如"所选项目下方"），设置完毕单击"确定"按钮，即可在文档中添加图片题注。

第 5 步，在文档中添加题注后，单击题注右边部分的文字可以进入编辑状态，并输入图片的描述性内容。

4. 交叉引用

在写文档的时候有时需要提及某个内容，例如"如果想了解有关 xxx 的详细信息，请参考本文第 x 页 xxx 节的相关内容"，然而随着编辑，书稿中每部分内容的页数以及章节编号都有可能发生改变，所以如果直接手工输入，就必须及时更改。为了方便起见，此时可以使用交叉引用功能。以下介绍如何交叉引用文档中图片的方法。

第 1 步，打开 Word 文档，对文章中的图片，添加"题注"。

第 2 步，将光标置于文档中要交叉引用的位置，单击"引用"选项卡"题注"组或者"插入"选项卡"链接"组中的"交叉引用"按钮，打开"交叉引用"对话框。

第 3 步，在"引用类型"的下拉列表中选择需要的引用类型。例如选择"图"的引用类型，在最下方的界面中就会出现标签为"图"的全部题注，然后单击需要引用的对象。

第 4 步，根据需要，在"引用内容"中选择所需要的题注内容，单击"插入"按钮。

5. 插入脚注和尾注

写论文时，参考文献的修改很麻烦，删除一个，添加一个，就需要改一长串数字。为此，可用 Word 中的脚注与尾注工具。

尾注和脚注相似，是一种对文本的补充说明。脚注一般位于页面的底部，可以作为文档某处内容的注释；尾注一般位于文档的末尾，列出引文的出处等。尾注由两个关联的部组成，包括注释引用标记和与其对应的注释文本。在添加、删除或移动自动编号的注释时，Word 将对注释引用标记重新编号。

插入脚注/尾注的方法为：光标定位到文档中需要插入的位置，单击"引用"选项卡"脚注"组中的"插入脚注"按钮或者"插入尾注"按钮。

三、操作指导

下载压缩文件"Word 项目 3 资源"并解压缩。打开文档"长论文_原始材料. docx",另存为"长论文. docx",然后对文件"长论文. docx"按以下步骤和要求进行排版,操作时可以参考 PDF 文档"长论文_样张. pdf"。

1. 页面设置

设置纸张大小为 A4,左、右、下边距为 2.5 厘米,上边距为 2.8 厘米。

① 单击"页面布局"选项卡 "页面设置"组中的"纸张大小"按钮,在下拉列表中选择"A4"。

② 在"页面设置"组中单击"页边距"按钮,在下拉列表中选择"自定义边框",打开"页面设置"对话框。

③ 选择"页边距"选项卡,在"上"边距框中输入"2.8 厘米",在"下"、"左"、"右"边距框中输入"2.5 厘米",单击"确定"按钮。

2. 样式的创建与应用

文档中含有 3 个级别的标题,其文字分别用不同的颜色显示,按表 2-3 创建文档标题和正文样式。

表 2-3　样式格式

文字颜色	样式	格式
红色	my 标题 1	宋体、四号、粗体、段前、段后 0.5 行
蓝色	my 标题 2	宋体、小四、粗体、段前、段后 0.5 行
绿色	my 标题 3	宋体、小四、粗体、段前、段后 0.5 行
黑色(不含题注)	my 正文	宋体、小四,字符间距:标准。首行缩进 2 字符。行间距:固定值 18 磅,段前和段后均为 0 磅。西文、数字等符号均采用 Times New Roman 字体。

(1) 创建"my 标题 1"样式

① 单击"开始"选项卡"样式"组中的对话框启动器 ,打开"样式"窗格。

② 单击"样式"窗格底部的 "新建样式"按钮 ,打开"根据格式设置创建新样式"对话框,如图 2-40 所示,设置"名称"为"my 标题 1","样式基准"为"标题 1","字符格式"为"宋体、四号、粗体"。

③ 单击"格式"按钮,在打开的列表中选择"段落"命令,打开"段落"对话框,将大纲级别设置为"1 级",段前和段后间距都设置为"0.5 行"。

④ 单击两次"确定"按钮返回。

(2) 创建"my 标题 2"样式

要求见表 2-3 所示,样式基准为标题 2,大纲级别为 2 级,操作过程参见(1)。

(3) 创建"my 标题 3"样式

要求见表 2-3 所示,样式基准为标题 3,大纲级别为 3 级,操作过程参见(1)。

图 2－40　创建"my 标题 1"样式

（4）创建"my 正文"样式

要求见表 2－3 所示，样式基准为正文，操作过程参见（1）。

在创建"my 正文"样式时，需要在"段落"对话框中设置行间距为"固定值 18 磅"，首行缩进 2 字符，段前和段后间距均为 0 磅。

（5）应用样式

样式创建好后，就可以将文档中的各部分内容设置成与其对应的样式，实现对文本的快速格式设置。

将光标置于红色段落中，单击"样式"组中的"my 标题 1"，应用标题 1 样式。用同样方法分别为蓝色、绿色标题和正文应用"my 标题 2"、"my 标题 3"和"my 正文"样式。

3. 通过多级列表设置标题的编号

应用多级列表可为创建的"my 标题 1"、"my 标题 2"和"my 标题 3"设置，诸如：1、1.1、1.1.1 样式的编号。

① 将光标置于任意一个"my 标题 1"标题中，单击"开始"选项卡"编辑"组中的"选择"按钮，在下拉列表中选择"选择所有格式类似的文本"命令，此时所有"my 标题 1"样式的标题均被选中。

② 单击"开始"选项卡"段落"组中的"多级列表"按钮，在下拉列表中单击"定义新的多级列表"命令，打开"定义新多级列表"对话框，单击对话框左下角的"更多"按钮，依照图 2－41 所示设置。

③ 单击图 2－41 中"设置所有级别"按钮，依照图 2－42 所示设置，3 个级别的标题缩进量均设为 0。

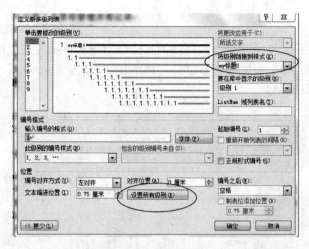

图 2 - 41 设置 1 级编号

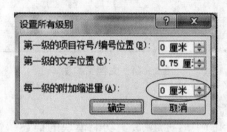

图 2 - 42 设置缩进量

④ 返回图 2 - 41 所示的对话框,继续在对话框中分别设置"my 标题 2"和"my 标题 3"的编号,如图 2 - 43 所示。

设置完成后,单击"确定"按钮完成多级列表的创建。

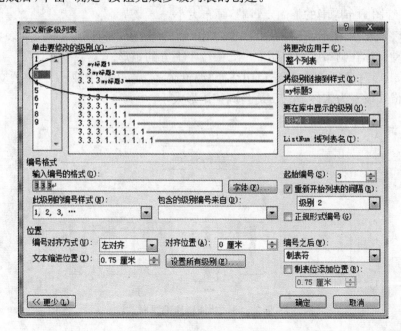

图 2 - 43 设置 2、3 级编号

4. 插入文档结构图

论文在设置和应用了标题样式后,可使用文档结构图来显示论文总体结构,单击"视图"选项卡"显示"组中的"导航窗格"按钮,打开文档结构图,如图 2‑44 所示,单击左侧的标题,即可迅速定位并进行编辑。

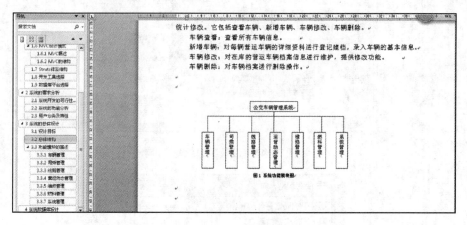

图 2‑44　文档结构图

5. 在画布上重新绘制论文中的功能模块图

单击论文左侧文档结构图中的标题"3.3 功能模块的描述",快速打开论文中图 1 所在页(参考图 2‑44),然后在图 1 后面依照原图重新画一幅"系统功能模块图"。操作步骤如下:

① 单击"插入"选项卡,在"插图"组中单击"形状"按钮,在打开的下拉列表中单击"新建绘图画布"命令,在文档中插入画布。

② 拖动绘图画布周围的控制点,调整画布大小。

③ 单击"插入"选项卡,在"插图"组中单击"形状"按钮,在打开的下拉列表中选择"矩形",然后拖动鼠标在画布上画出图 2‑45 中位于上方的矩形。

④ 右击矩形,在弹出的快捷菜单中选择"编辑文字",在矩形中输入文字"公交车辆管理系统",字符格式设置为宋体、小五,适当调整矩形大小。

图 2‑45　功能模块图雏形

⑤ 依照③、④ 两步画出图 2-45 中位于下方的 7 个矩形,并输入相应文字,设置文字方向为"竖排",调整矩形位置,结果如图 2-45 所示。

⑥ 在"插图"组中单击"形状"按钮,在打开的下拉列表中选择"直线",然后在位于上方的矩形和位于其正下方的矩形之间画出第 1 条竖直线。

⑦ 按照同样方法画出 1 条横直线和 6 条竖直线,结果如图 2-46 所示。

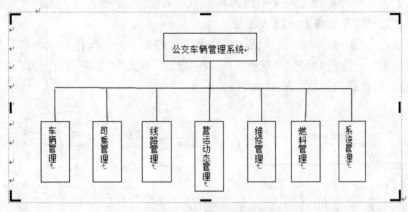

图 2-46 功能模块图

⑧ 删除论文中的图 1。

6. 插入题注

题注是给图片、表格、图表、公式等项目添加的名称和编号。使用题注功能可使论文中图片、表格或图表等项目能够顺序地自动编号,在移动、插入或删除带题注的项目时,题注中的编号将自动更新。

(1) 在论文中所有图片下方插入题注

题注格式为:宋体、小五、加粗、居中,位于图的正下方。操作步骤如下:

① 单击论文左侧文档结构图中标题"3.3 功能模块的描述",快速打开论文中图 1 所在页。

② 选定图 1,单击"引用"选项卡,在"题注"组中单击"插入题注"按钮,打开"题注"对话框,如图 2-47 所示。

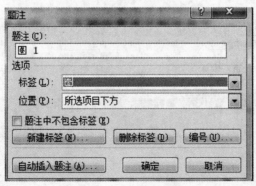

图 2-47 题注对话框

③ 在对话框中单击"标签"右侧的下拉按钮,选择"图",并继续单击"位置"右侧的下拉按钮,选择"所选项目下方"。

注意：若列表中无"图"标签,可单击"新建标签",然后在标签名中输入"图"。

④ 单击"确定"按钮,关闭对话框。

⑤ 将光标定位到题注中图编号的后侧,输入图题:系统功能模块图,并将格式设置为"宋体、小五、加粗、居中"。

按照以上①～⑤的步骤在论文中插入其他图片的题注,并删去原来的题注。

(2) 在论文中所有表格上方插入题注

题注的格式为:宋体、小五、加粗、居中,且位于表的正上方。操作方法与(1)基本相同。需要注意是在图 2-47 的"标签"中选择"表",在"位置"中选择"所选项目上方"选项。

图、表插入题注的效果如图 2-48 所示。

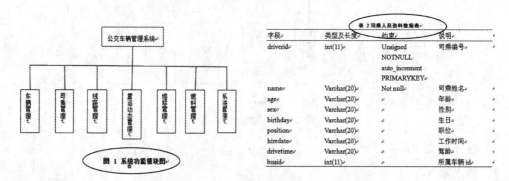

图 2-48 插入题注效果

7. 插入交叉引用

交叉引用是在文档的一个位置引用文档其他部分的内容,类似于超链接,通过它可以快速地找到想要找的内容。论文中出现多处"交叉引用"文字(橙色文字),在该位置上插入相应的交叉引用的。操作步骤如下:

① 将光标定位在论文中标题 3.2 下方的正文中,选中文中第一处"交叉引用"文字(橙色文字),单击"引用"选项卡"题注"组中的"交叉引用"按钮,打开"交叉引用"对话框,如图 2-49 所示。

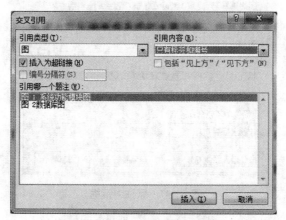

图 2-49 "交叉引用"对话框

② 在"引用类型"的下拉列表中选择"图",此时在"引用哪一个题注"列表中出现标签为"图"的全部题注,选择需要引用的题注。

③ 在"引用内容"中选择"只有标签和编号",单击"插入"按钮,然后再单击"关闭"按钮。

④ 将插入的交叉引用文字设置为正文格式。

采用同样方法对正文中其他需要插入交叉引用的地方(即文中所有橙色文字)插入交叉引用,注意在设置表的交叉引用时,需要在图 2 - 49 中将"引用类型"设置为"表"。

注意:交叉引用的前提是图、表等都由题注功能进行编号,然后在正文论述中提及此图、表时,才能进行交叉引用。

8. 插入尾注

写论文时,参考文献的修改很麻烦,删除一个,添加一个,就需要改一长串数字。为此,可用 Word 中的尾注工具。操作步骤如下:

① 将光标定位在论文中标题 1.1 下将要插入参考文献的位置(紫色文字前),单击"引用"选项卡下"脚注"组的对话框启动器 ,打开"脚注和尾注"对话框,如图 2 - 50 所示。

图 2 - 50　"脚注和尾注"对话框

② 选择"尾注",设置尾注位置为"文档结尾",编号格式为"1、2、3 …",单击"插入",可见在该处插入了一个上标"1",而光标自动跳到文档尾部、有上标"1"的地方,在此可以输入第一个参考文献。

③ 选中插入的尾注序号"1",按快捷键【Ctrl】+【Shift】+【=】,使序号不再是上标,然后按要求的格式设置编号,并将论文中参考文献[1]的内容复制到此处。

④ 双击参考文献前面的"1",光标回到了正文中插入参考文献的地方,在尾注"1"前后插入上标符号"["和"]",然后删除原来的紫色文字,效果如图 2 - 51 所示。

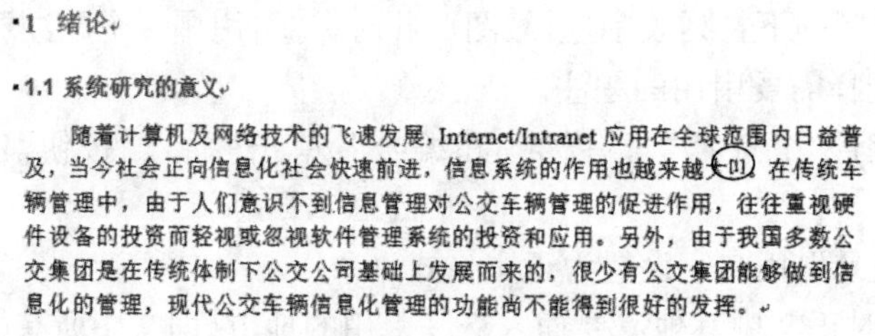

- 1 绪论

- 1.1 系统研究的意义

　　随着计算机及网络技术的飞速发展，Internet/Intranet 应用在全球范围内日益普及，当今社会正向信息化社会快速前进，信息系统的作用也越来越大[4]。在传统车辆管理中，由于人们意识不到信息管理对公交车辆管理的促进作用，往往重视硬件设备的投资而轻视或忽视软件管理系统的投资和应用。另外，由于我国多数公交集团是在传统体制下公交公司基础上发展而来的，很少有公交集团能够做到信息化的管理，现代公交车辆信息化管理的功能尚不能得到很好的发挥。

图 2 - 51　插入尾注效果

采用同样方法在正文中其他需要插入尾注的地方（文中所有紫色文字）分别插入尾注并进行格式设置，然后删除文中原有参考文献的内容。

需要注意的是，在页面视图下，所有文献都引用完后，会发现在第一篇参考文献前面一条短横线，如果参考文献跨页了，在跨页的地方还有一条长横线，这些线分别叫"尾注分隔符"和"尾注延续分隔符"，它们无法选中，也无法删除。这是尾注的标志，但一般科技论文格式中都不能有这样的线，所以要把它们删除。删除操作的步骤如下：

① 单击"视图"选项卡"文档视图"组中的"草稿"按钮，将文档设置为"草稿"模式。

② 按【Ctrl】+【Alt】+【d】，将 Word 编辑界面分为上下两个部分，位于下方的编辑框是"尾注"编辑框。

③ 打开"尾注"编辑框的"尾注"下拉列表，选择"尾注分隔符"，此时出现一条横线，选择该横线并删除；再选择"尾注延续分隔符"，此时也会出现一条横线（这是尾注分页时会出现的很长的横线），选择该横线并删除。

④ 关闭"尾注"编辑框，然后单击"视图"选项卡"文档视图"组中"页面视图"按钮，将Word 恢复成"页面视图"模式。

9. 插入目录

给论文中所有标题都设置了正确的大纲级别后，这些段落标题就可以被提取出来作为目录中的一个标题。

在论文首页插入目录的操作步骤如下：

① 将光标定位在论文的起始位置。

② 单击"引用"选项卡"目录"组中的"目录"按钮，在弹出的下拉列表中选择"插入目录"命令，打开"目录"对话框，如图 2 - 52 所示。

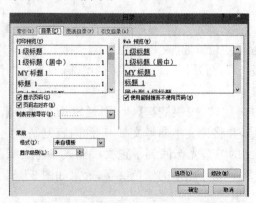

图 2 - 52　"目录"对话框

③ 在"目录"对话框中设置"显示级别"为"3"。

④ 单击"修改"按钮，选择要设置格式的目录级别，然后再次单击"修改"按钮来修改所选目录级别的外观，目录格式设置为"宋体、小四"。

⑤ 完成各项设置后，单击"确定"按钮，关闭"目录"对话框。

在论文首页生成的目录效果如图 2-53 所示。

> 说明：① 如果希望使生成的第 2 级和第 3 级目录左缩进几个字符，则可打开如图 2-52 所示"目录"对话框，选择"目录 2"，单击"修改"按钮，在打开的"修改样式"对话框中单击左下角的"格式"按钮，选择"段落"，打开"段落"对话框设置合适的左缩进。② 当修改了正文中的标题后，为了使目录中的标题及时对应正文中的标题，可以对目录进行更新。右击目录并选择"更新域"命令，打开"更新目录"对话框，按要求选择对应选项即可。

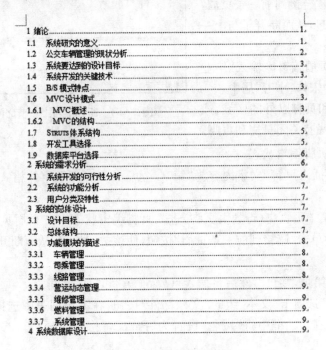

图 2-53　插入目录效果

10. 插入页眉和页脚

（1）插入分节符

默认情况下，当在文档中插入页眉或页脚时，整个文档都会插入相同的页眉或页脚。然而，在论文中，前几页是目录，后面才是正文。如果希望仅在正文中插入页眉和页脚，则需要在目录和正文之间插入一个分节符，并切断目录与正文之间的链接。操作步骤如下：

① 将光标定位于目录下方，然后单击"页面布局"选项卡"页面设置"组中的"分隔符"按钮。

② 在打开的下拉列表中选择"下一页"，就会在目录和正文之间插入一个分节符，并自动将正文移到下一页。

（2）在正文中插入页眉，奇数页文字为"公交车辆管理系统"，偶数页文字为"毕业论文"，格式为"宋体，小五，居中"。操作步骤如下：

① 双击正文第一页中的页眉区域进入页眉编辑状态，此时可看到页面左侧显示了节编号。

② 单击"页眉页脚工具|设计"选项卡，在"选项"组中选中"奇偶页不同"复选框；"导航"组中单击"链接到前一条页眉"按钮，使该按钮弹起，从而断开了与上一节之间的链接关系，如图 2-54 所示。

③ 在奇数页页眉编辑区中输入"公交车辆管理系统"，设置格式为宋体、小五，居中。

④ 双击正文第二页中的页眉区域，在"导航"组中单击"链接到前一条页眉"按钮，使该按钮弹起，从而断开了与上一节之间的链接关系。

⑤ 在偶数页页眉编辑区输入"毕业论文"，设置格式为宋体、小五，居中。

⑥ 双击页眉和页脚以外的区域，或者单击"关闭"组中的"关闭页眉和页脚"按钮，退出页眉或页脚编辑状态。

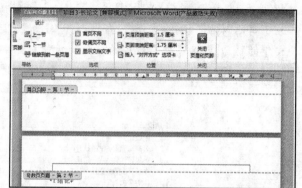

图 2-54 断开了与上一节之间的链接关系

（3）在正文中插入页脚，文字内容为"第××页，共××页"，字体格式为宋体，小五，居中。操作步骤如下：

① 双击正文第 1 页页脚（奇数页页脚）进入页脚编辑状态，在"页眉页脚工具|设计"选项卡的"导航"组中单击"链接到前一条页眉"按钮，使该按钮弹起，从而断开了与上一节之间的链接关系。

② 输入文本"第页，共页"，然后将插入点放到"第"和"页"之间。

③ 单击"插入"选项卡"文本"组的"文档部件"按钮，在下拉列表中选择"域"，打开如图 2-55 所示对话框，在对话框中将"域名"设置为"Page"，"格式"选择"1,2,3,…"，然后单击"确定"按钮。

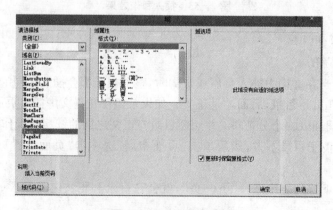

图 2-55 "域"对话框

④ 再将插入点放到"共"和"页"之间,重复步骤③,在对话框中"域名"设置为"Sectionpages","格式"选择"1,2,3,…",然后单击"确定"按钮。

⑤ 设置插入的页脚格式为宋体,小五,居中。

⑥ 单击正文第 2 页页脚(偶数页页脚),重复以上①~⑤操作。

⑦ 退出页眉或页脚编辑状态。

插入页眉和页脚后,正文第 1 页和第 2 页的显示效果如图 2-56 所示。

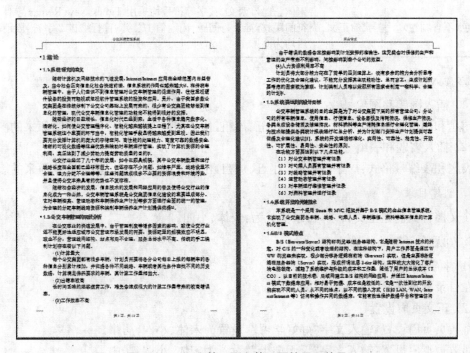

图 2-56 正文第 1 页和第 2 页的显示效果

> **说明:**如果正文第一页页码编号不是从 1 开始,则在正文第一页,顺序点击"插入|页码|设置页码格式",打开"页码格式"对话框,然后将"起始页码"设置为 1。

11. 保存该文档,然后退出 word。

四、实战练习和提高

打开文件"项目 3 练习_原始材料.docx",另存为文件"项目 3 练习.docx",然后对文档按以下要求排版:

1. 页面设置

设置文档纸张大小为 A4,左、右、下边距为 2.5 厘米,上边距为 2.8 厘米。

2. 创建与使用样式

文档中含有 3 个级别的标题,其文字分别用不同的颜色显示,按表 2-4 所示要求为文档标题和正文创建样式。

表 2–4 样式格式

文字颜色	样式	格式
红色	我的标题 1	宋体、三号、加粗。首行不缩进，段前、段后 0.5 行。大纲级别 1
蓝色	我的标题 2	宋体、四号、加粗。首行不缩进，段前、段后 0.5 行，大纲级别 2
绿色	我的标题 3	宋体、小四号、加粗。首行不缩进，段前、段后 0.5 行，大纲级别 3
黑色（不含题注）	我的正文	宋体、五号，西文、数字等符号均采用 Times New Roman 字体。字符间距：标准。行间距：固定值 18 磅。首行缩进 2 字符，段前和段后均为 0

3. 插入题注

（1）插入图题和图编号

图题和图编号格式：居中 、宋体、小五、加粗，位于图的正下方。然后删除原来的图题。

（2）插入表题和表编号

表题和表编号格式：居中、宋体、小五、加粗，位于表的正上方。然后删除原来的表题。

4. 创建目录

在文档首页创建正文目录，目录格式为：宋体、小四。

5. 页眉和页脚的设置

（1）插入分节符

在目录和正文之间插入一个分节符。

（2）正文页眉设置

奇数页页眉设置：输入文字"好好学习"，设置为宋体、小四，居中。

偶数页页眉设置：输入文字"天天向上"，设置为宋体、小四，居中。

（3）正文页脚设置

页脚格式为："第 xx 页"，宋体、小四、居中。

6. 保存文档

将编辑好的文档保存，然后关闭该文档。

项目 3 练习最终效果如图 2–57 所示：

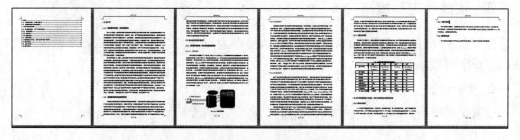

图 2–57 项目 3 练习最终效果

模块 3　电子表格软件 Excel 2010

作为 Office 2010 办公系列软件的重要成员，Excel 2010 一直深受广大用户的喜爱，它具有强大的数据处理与分析功能和友好的操作界面，能够方便地完成电子表格制作、图表制作和数据分析，广泛应用于财务、金融、审计、统计、公司管理等众多领域。

一、Excel 2010 新特性

Excel 2010 相较于前期的版本，功能上有所提升，界面设计也做了一些变化。Excel 2010 的新特点如下：

① 面向结果的用户界面

在 Excel 的早期版本中，命令和功能常常被隐藏在复杂的菜单和工具栏中，Excel 2007 首次引入了功能区，利用功能区，可以轻松地查找以前隐藏在复杂菜单和工具栏中的命令和功能，并且通过描述性的工具提示或示例预览来选择正确的选项。在此基础上，Excel 2010 提供了创建个性化的选项卡和组，重命名或更改内置选项卡和组的顺序的功能。

② 公式的编写和应用更为方便

Excel 2010 优化了大量函数，提高了函数准确性；对某些统计函数进行了重命名，使它们与科学界的函数定义更加一致；除了单元格引用（如 A1）外，Excel 2010 还提供了在公式中引用命名区域和表格的结构化引用功能，同时提供命名管理器，可轻松地组织、更新和管理多个命名区域。

③ 改进的排序和筛选功能

Excel 2010 提供了更为便捷的排序和筛选功能，可以快速排列工作表数据以找出所需的信息。例如，如果给某列的单元格（或其中的字符）设置了不同的颜色，Excel 2010 可以按颜色对数据进行排序，并且可以将相同颜色的数据筛选出来；此外，Excel 2010 还可以在搜索文本框中输入待查找数据的关键字，从而缩小数据筛选范围，这在以前的版本中是很难实现的。

④ 改进的图表功能

在 Excel 2010 中，数据系列中的数据点数目仅受可用内存限制，这使得可视化处理和分析大量数据集更加有效；双击图表元素即可立即访问格式设置选项，使格式设置更加方便快捷；可使用宏录制器录制对图表和其他对象所做的格式设置更改。上述改进使得 Excel 2010 的图表处理能力大大增强。

⑤ 新增迷你图和切片器等功能

一般通过表中呈现的数据很难一眼看出数据的分布形态和变化趋势。Excel 2010 的迷你图可以通过清晰简明的图形表示方法显示相邻数据的变化趋势，而且迷你图只占用少量空间。当数据发生更改时,迷你图能立刻呈现相应的变化。在包含迷你图的相邻单元格上使用填充柄,可以方便地为以后添加的数据航创建迷你图。

常规的数据透视表必须打开一个下拉列表才能找到有关筛选的详细信息。Excel 2010新增的切片器能清晰地标记已应用的筛选器,并提供详细信息,从而使用户能够快速地筛选数据透视表中的数据,而无须打开下拉列表查找要筛选的项目。

⑥ 改进的条件格式设置

通过使用数据条、色阶和图标集等条件格式,可以轻松地突出显示所关注的单元格或单元格区域,强调特殊值和可视化数据。图标集在 Excel 2007 中被首次引入,相较于 Excel 2007,Excel 2010 提供了更多种类的图标集,包括三角形、星形和方框,并且这些图标集中的图表可以混合使用,甚至可以轻松地隐藏图标。例如,可以选择仅对高利润值显示图标,而对中间值和较低值省略(隐藏)图标。

此外,Excel 2010 提供了新的数据条格式设置选项,可以对数据条应用实心填充或实心边框,或者将条方向设置为从右到左(而不是从左到右),负值的数据条显示在正值轴的对端等等。

⑦ 改进的图片编辑工具

Excel 2010 提供了"屏幕快照"功能,可实现快速截取屏幕快照,还有新的 SmartArt 图形布局和增强的图片修正功能。此外,Excel 2010 新增了许多艺术效果,包括铅笔素描、线条图形、水彩海绵、马赛克气泡、玻璃、蜡笔平滑、塑封、影印、画图笔划等。

二、Excel 2010 使用基础

(一)Excel 2010 的窗口组成

启动 Excel 2010 后,系统自动新建一个名为"工作簿 1"的工作簿,工作窗口如图 3 - 1 所示。

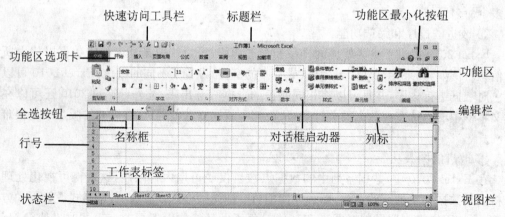

图 3 - 1　Excel2010 的窗口组成

与其他的 Windows 应用程序一样,Excel 2010 的工作窗口由快速访问工具栏、标题栏、功能区、工作簿编辑区、状态栏和视图栏等部分组成。

1. 快速访问工具栏和标题栏

快速访问工具栏用于放置常用命令按钮,使用户能够快速启动这些命令。在默认情况下,快速访问工具栏中只有少量命令按钮,用户可以根据需要自行添加。

标题栏用于显示当前工作簿文件的文件名,其右侧的"最小化"按钮、"最大化(还原)"按钮和"关闭"按钮,可用来控制 Excel 2010 应用程序。

2. 功能区

在 Excel 2010 中,功能区是菜单和工具栏的主要替代控件。在功能区中包含若干个围绕特定方案或对象组织的选项卡,每个选项卡根据功能不同又细化为几个组,在每个组中有相应的命令按钮或组合框,可以用来完成各种任务。

(1)"开始"选项卡

"开始"选项卡用于对表格中的文字进行编辑,对单元格格式进行设置,包含了用户最常用的命令。如"字体"、"剪贴板"、"对齐方式"、"单元格"、"数字"等。

(2)"插入"选项卡

"插入"选项卡用于在表格中插入各种对象,比如表格、图片、图表、符号,以及艺术字、页眉页脚、文本框等。

(3)"页面布局"选项卡

"页面布局"选项卡用于设置表格页面格式,包括"主题"、"页面设置"、"工作表选项"等组。

(4)"公式"选项卡

"公式"选项卡主要用于进行各种计算,其中包括"函数库"、"定义的名称"、"公式审核"和"计算"等组。

(5)"数据"选项卡

"数据"选项卡用于进行数据获取和分析相关操作,包括"获取外部数据"、"链接""排序和筛选"、"数据工具"、"分级显示"等组。

(6)"审阅"选项卡

"审阅"选项卡用于对表格进行校对和修订等操作,包括"校对"、"批注"、"中文简繁转换"、"语言"等组。

(7)"视图"选项卡

"视图"选项卡用于设置表格窗口的视图类型,包括"工作簿视图"、"显示"、"显示比例"、"窗口"和"宏"等组。

> **提示:**在某些组的右下角会有这样的小图标,这个图表被称为对话框启动器,单击它将打开相关的对话框或任务窗格,其中提供了与该组相关的更多选项。

3. 工作簿编辑区

由于 Excel 的数据管理和分析、表格创建等主要功能均在工作表中完成,所以 Excel 工作簿编辑区常被称为工作表编辑区。在默认状态下,工作表编辑区主要包括以下 6 个对象:

① 名称框:用于显示活动单元格的地址。

② 编辑栏:用于输入或者修改活动单元格中的数据或公式。

③ 单元格:编辑区的主要组成部分,是 Excel 输入数据和组成工作表的最小单位。

④ 行号与列标:用来表示单元格的位置,如 A1 表示该单元格位于 A 列 1 行。

⑤ 全选按钮:单击该按钮,可以选中整张工作表。

⑥ 工作表标签:用于标识工作表的名称,通过单击不同的工作表标签可以在不同的工作表之间切换。

4. 状态栏和视图栏

状态栏和视图栏都位于操作窗口的最下方。状态栏显示了当前的工作状态及相关信息;视图栏则提供了多种文件查看方式,并可调整界面的显示比例。

(二)Excel 2010 的相关概念

工作簿、工作表、单元格和单元格区域是 Excel 2010 的基本组成元素。

1. 工作簿

在 Excel 中,创建和打开的每一个文档都被称为工作簿,文件扩展名为 xlsx。每个工作簿由一个或多个工作表组成。在默认情况下,一个工作簿中包含 3 个工作表,分别是 Sheet1、Sheet2 和 Sheet3。根据需要可以插入新的工作表或删除已有工作表。通常,一个工作簿文件最多包含 255 张工作表,至少包含一张工作表。

2. 工作表

工作表是显示在工作簿窗口中的表格,每个工作表包含 108576 行和 16384 列。在工作表中,可以存储和处理文本、数字、公式、图表以及声音等各种类型的数据。

3. 单元格

单元格是构成 Excel 工作表的基本单位,输入工作表的数据都将存储并显示在单元格中。单元格的列标号(大写英文字母)和行标号(数字)组合起来赋予每个单元格一个唯一的地址,规定列标号在前,行标号在后,如 A5,B12 等。选中后的单元格用黑色粗框标识,称为"活动单元格"。

4. 单元格区域

单元格区域是指在实际操作中被选中的一组连续或非连续的单元格。选中后的单元格区域呈高亮度显示。一个连续的单元格区域可以用其左上角和右下角的两个单元格地址来表示,如 A1:D4 代表的是由 A1 和 D4 为对角单元格组成的矩形区域;多个不连续的单元格区域可用逗号将各连续的单元格区域连接起来表示,如 A1:D4,F3:H8。

(三)单元格的基本操作

1. 选定单元格

选定单元格的方法有两种:

(1)用鼠标直接单击单元格,此时该单元格的外侧出现黑色边框,同时在名称框内显示该单元格的名称。

(2)在工作表的名称框内直接输入要选定的单元格地址,按【Enter】键即可。

2. 选取单元格区域

单元格区域是指工作表中的两个或多个单元格。单元格区域中的单元格可以是相邻的，也可以是不相邻的。

（1）选取相邻的单元格区域

方法一：单击位于矩形区域左上角的单元格，然后按住鼠标左键并拖动至矩形区域右下角的单元格，释放鼠标。

方法二：单击位于矩形区域左上角的单元格，按住【Shift】键，单击右下角的单元格。

方法三：定位法。比如，要选取单元格区域 A4：W324 时，在名称框中输入 A4：W324，然后按下回车键【Enter】即可。当选择大片区域时，定位法最方便。

（2）选取不相邻的单元格区域

先选取一个单元格或单元格区域，在按住【Ctrl】键的同时选中其他单元格或单元格区域，即可选取多个不连续的单元格区域。

3. 选取行和列

用鼠标单击行号或者列号，可选定行或列。要选定多个不连续的行或列时，可以在按住【Ctrl】键的同时，用鼠标单击要选的行号或列号。

4. 选取整个工作表

选取整个工作表，可以单击工作表左上角的"全选"按钮▨或者按快捷键【Ctrl】+【A】组合键。

5. 单元格的插入和删除

（1）插入单元格

插入单元格是指在选中单元格的上方或左侧插入与选中单元格数量相同的空白单元格，具体操作步骤如下：

① 在要插入单元格的位置选中一个或多个单元格。

② 在"开始"选项卡的"单元格"选项组中单击"插入"按钮▨，在弹出的下拉菜单中选择"插入单元格"命令，弹出"插入"对话框，如图 3-2 所示，有 4 种插入方式。

③ 选择插入方式，然后单击"确定"按钮即可。

（2）删除单元格

删除单元格与插入单元格刚好相反，删除某个单元格后，该单元格会消失，并由其下方或右侧的单元格填补原单元格所在位置，具体操作步骤如下：

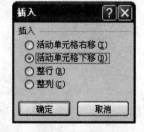

图 3-2　"插入"对话框

① 选定要删除的单元格或单元格区域。

② 在"开始"选项卡中的"单元格"选项组中单击"删除"按钮▨，在弹出的下拉菜单中选择"删除单元格"命令，弹出与"插入"对话框类似的"删除"对话框。

③ 选择一种合适的删除方式，单击"确定"按钮即可。

提示：行、列的插入和删除操作也与此类似。

（四）数据的输入和编辑

1. 输入数据

输入数据的方法有两类，一类是通过鼠标和键盘直接输入，另一类是利用 Excel 的自动填充功能输入。

（1）直接输入

一般的文本和数值，只需选中单元格，直接输入内容，或者在编辑栏中输入内容，只是在编辑栏中输入内容后要按【Enter】键。在默认情况下，单元格中的文本内容靠左对齐，数值靠右对齐。

以下几种数据输入时比较特殊，介绍如下：

● 输入分数时，应先输入 0 和空格，然后再输入分数，否则 Excel 会将其当做日期格式处理，存储为某月某日。

● 输入全部由数字组成的文本时，应在输入数据前先输入英文状态下的单引号，例如：'0123406，此时 Excel 将其看作文本，使其沿单元格左侧对齐。

● 输入日期时，用【/】或者【—】来分隔年、月、日。

● 输入时间时，用冒号来分割小时、分钟和秒。Excel 一般把插入的时间默认为上午时间，若是输入下午时间，可以在时间后面加空格和 PM，如输入【4:45:05 PM】，还可以采用 24 小时制，如【16:45:05】。

> **说明**：输入系统当前日期的快捷键是【Ctrl＋;】，输入系统当前时间的快捷键是【Ctrl＋Shift＋;】。

图 3-3　通过填充柄填充数据

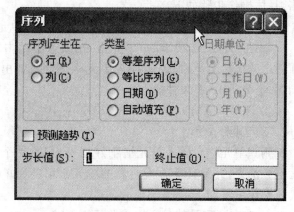

图 3-4　"序列"对话框

（2）用"自动填充功能"输入

对于相同数据或者有规律的数据，可以使用自动填充功能在表格中快速录入。

● 通过填充柄填充数据。填充柄是选定单元格后，出现在其右下角的黑色小方块。将鼠标移至填充柄，当光标变成十字形状＋时，按下鼠标左键并拖动至目标单元格后松开，此时在选定区域的右下角出现智能标记，将光标移至智能标记，单击右侧出现的下拉箭头，弹出如图 3-3 所示的下拉列表，根据需要选择相应选项即可完成快速填充。

● 通过"填充"按钮填充数据。在"开始"选项卡的"编辑"组中，单击"填充"按钮，选择"系列"选项，打开"序列"对话框，如图 3-4 所示，在对话框中对序列产生的方向和类型做进一步的定义。

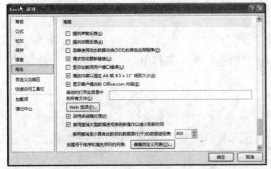

图 3-5 "Excel 选项"对话框　　　　图 3-6 "自定义序列"对话框

需要说明的是，Excel 为用户提供了一些序列，如果输入的数据属于某个序列中的一项，将按照该序列的规律进行填充；同时，Excel 还提供了用户自定义序列的功能，用户可以事先将有规律的数据定义成一种序列供自动填充时使用。在 Excel 2010 中，自定义序列功能的实现方法是：依次执行"文件|选项|高级"菜单命令，如图 3-5 所示，在"高级"选项卡的"常规"组中单击"编辑自定义列表"按钮，打开如图 3-6 所示的"自定义序列"对话框，在"自定义序列"选项卡中，输入序列或者从工作表中导入序列，单击"确定"按钮即可。

2. 数据的移动、复制和清除

(1) 数据的移动和复制

移动数据是指将某个单元格中的内容从当前的位置删除并放到另外一个位置；而复制数据是指原位置内容不变，同时把该内容复制到另外一个位置。如果原来的单元格中含有公式，移动或复制到新位置后，公式会因为单元格区域的引用变化生成新的计算结果。

使用选项卡移动和复制数据的操作步骤如下：

① 选定要进行移动或复制的单元格或单元格区域。

② 在"开始"选项卡的"剪贴板"选项组中单击"剪切"按钮 或"复制"按钮 。

③ 选中要进行粘贴的目标单元格，单击"粘贴"按钮 。

不同的是执行"复制"操作后，数据源区域周围有闪动的虚框线，只要此虚框线不消失，就可以多次复制，按下回车键【Enter】可结束复制。

> 说明：在实际操作中，使用快捷键更方便，可用的快捷键分别是：【Ctrl】+【X】(剪切)、【Ctrl】+【C】(复制)、【Ctrl】+【V】(粘贴)。

使用鼠标移动和复制数据的操作步骤如下：

① 选定要进行移动和复制的单元格或单元格区域。

② 把鼠标指针放在单元格或单元格区域周围的黑边框上，此时指针变为带有箭头的十字架。

③ 若移动数据,则按下鼠标左键,拖动源单元格到目标位置;若复制数据,则在按下鼠标左键的同时按住【Ctrl】键,然后移动鼠标到目标位置。

④ 释放鼠标左键,完成移动或复制。

(2) 数据的清除

数据清除的对象是单元格中的数据,Excel 2010 可以有选择地清除数据的内容、格式、批注或全部。具体操作步骤如下:

① 选定要清除数据的单元格或单元格区域。

② 在"开始"选项卡的"编辑"组中单击"清除"按钮 ② 清除·,在打开的下拉菜单中选定清除方式,完成清除。

> **说明**:数据清除和删除是两种不同的操作,前者针对的对象是数据,而后者会将单元格连同其中的数据、格式等一并删除,因此会导致表格中部分单元格位置的变化。常用的删除键【Delete】仅具有清除数据的功能。

3. 选择性粘贴

在 Excel 2010 工作表中,使用"选择性粘贴"命令可以有选择地粘贴剪贴板中的数值、格式、公式、批注等内容,使复制和粘贴操作更灵活。

在"开始"选项卡中的"剪贴板"组中单击"粘贴"按钮 ^{粘贴},打开如图 3-7 所示的"选择性粘贴"组,选择其中的"粘贴方式"按钮,完成粘贴;或者,单击"选择性粘贴"命令,打开如图 3-8 所示的"选择性粘贴"对话框,通过对话框来完成粘贴任务。对话框各区域的功能如下:

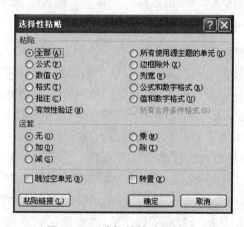

图 3-7 "选择性粘贴"组   图 3-8 "选择性粘贴"对话框

(1) "粘贴"区域

● 全部:包括内容、格式等,其效果相当于直接粘贴。

● 公式:仅粘贴文本和公式,不粘贴单元格格式等其他内容。

● 数值:仅粘贴计算结果。

● 格式:仅粘贴单元格格式,不改变目标单元格的文字内容。

● 批注:把源单元格的批注内容复制过来,不改变目标单元格的内容、格式。

● 验证:将源单元格的数据有效性规则粘贴到目标单元格,其他不变。

● 所有使用源主题的单元：粘贴全部内容，但使用文件源主题中的格式。该选项仅用于从不同工作簿粘贴信息，此时，工作簿使用不同于活动工作簿的文件主题。

● 边框除外：粘贴除源区域中出现的边框以外的全部内容。

● 列宽：只粘贴列宽信息。

● 公式和数字格式：粘贴所有值、公式和数字格式（但无其他格式）。

● 值和数字格式：粘贴所有值和数字格式，而非公式本身。

（2）"运算"区域

● 无：对源单元格，不参与运算，按所选择的粘贴方式粘贴。

● 加：把源单元格内的值与目标区域的值相加，得到相加后的结果。

● 减：把源单元格内的值与目标区域的值相减，得到相减后的结果。

● 乘：把源单元格内的值与目标区域的值相乘，得到相乘后的结果。

● 除：把源单元格内的值与目标区域的值相除，得到相除后的结果（源区域的值不可为0）。

（3）特殊处理区域

● 跳过空单元：当复制的源区域中有空单元格时，粘贴时不会用空单元格替换目标区域中对应单元格的值。

● 转置：将源区域中的数据行列互换。

（五）单元格的格式化

格式化的作用在于突出部分数据的重要性，从而方便观察和分析数据，同时使版面更加美观。单元格的格式化包括行高列宽、数据格式、对齐方式、边框底纹等几个方面。

1. 设置行高、列宽

建立工作表时，所有的单元格具有相同的宽度和高度。在默认情况下，当单元格中的字符串超过列宽时，会延伸到相邻单元格中。如果相邻单元格中已有数据，则超长部分文字被隐去，而对于数值数据则显示成一串"######"，因此需要调整行高和列宽，以便完整显示数据。下面以调整列宽为例说明，行高的设置与列宽类似。

（1）利用鼠标调整列宽

如图3-9所示，将鼠标移至两列号交界处，鼠标形状发生变化，此时，如果按住鼠标左键拖动鼠标向左或向右移动可以任意调整列宽；如果双击鼠标左键，则Excel将自动调整列宽为此列中最宽项的宽度。

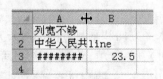

图3-9　改变列宽　　　　图3-10　"列宽"对话框

（2）利用格式菜单命令调整列宽

首先选中列，然后在"开始"选项卡的"单元格"组中单击"格式"按钮 格式，在弹出的下拉菜单中选择"列宽"命令，打开"列宽"对话框，如图3-10所示，输入新的列宽值并单击"确定"按钮，完成列宽设置。

如果选择"自动调整列宽"命令,将以选中列中最宽的数据为宽度自动调整。

2. 单元格格式化

在设置单元格格式之前,应首先选定要设定格式的单元格或单元格区域,然后打开"单元格格式"对话框进行设置。打开"单元格格式"对话框的方法有多种,常用的有以下3种:

● 在"开始"选项卡中的"单元格"组中单击"格式"按钮,在弹出的下拉菜单中选择"设置单元格格式"命令。

● 右击鼠标,在弹出的快捷菜单中选择"设置单元格格式"命令。

● 单击"开始"选项卡中"字体"组或"数字"组或"对齐方式"组的对话框启动器。

如图3-11所示,打开的"单元格格式"对话框包括数字、对齐、字体、边框、填充和保护6个选项卡。

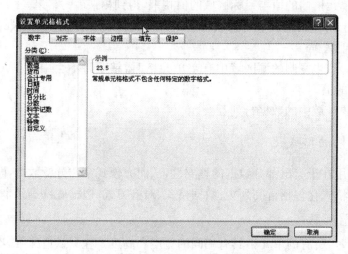

图3-11 "设置单元格格式"对话框

● "数字"选项卡

用于格式化数据。Excel 2010 提供了大量的数据格式,并将它们分成常规、数值、日期、文本等多种类型。如果不做设置,输入时默认为"常规"格式。

● "对齐"选项卡

用于重新设置对齐方式。在 Excel 中不同类型的数据在单元格中以某种默认的对齐方式对齐。例如,文本左对齐、数值右对齐、逻辑值居中对齐等。如果对默认的对齐方式不满意,可以使用"对齐"选项卡重新设置对齐方式。

"文本对齐方式"控件组用于设置文本在水平方向和垂直方向的对齐方式。"水平对齐"下拉列表框包括:常规、靠左(缩进)、靠右(缩进)、居中、填充、两端对齐、跨列居中、分散对齐(缩进),"垂直对齐"下拉列表框包括:靠上、居中、靠下、两端对齐、分散对齐。

"文本控制"控件组用于解决单元格数据过长被隐去的现象。其中,"自动换行"使输入的文本根据单元格列宽自动换行;"缩小字体填充"可减小数据字号,使数据宽度与列宽相同;"合并单元格"可将选定的多个相邻的单元格合并成一个单元格,与"水平对齐"下拉列表框的"居中"结合,常用于表格标题的显示。

"文字方向"控件组用于设置竖排文本和设置单元格中文本旋转的角度(角度范围是

−90°～90°），如图 3 - 12 所示。

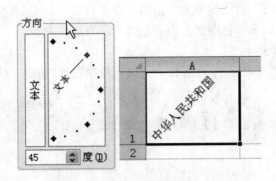

图 3 - 12　文本旋转角度设置及效果

● "字体"选项卡

用于对单元格或单元格区域的字体、字形、字号、颜色、下划线、特殊效果(上标、下标、删除线)进行设置。

● "边框"选项卡

用于设置表格的边框线。在默认情况下，工作表中显示的单元格边框线是灰色的，而这些灰色线条是打印不出来的。如果要打印边框线，必须重新设置。通过"边框"选项卡，可对单元格的外边框和单元格区域的内、外边框的线条样式、颜色等进行定义。

操作时要注意应先选定边框的线条样式和颜色，然后再设置边框。

● "填充"选项卡

用于对单元格或单元格区域的背景进行设置。用户可以设置底色(背景色)和覆盖其上的图案(图案颜色和样式)或者选择"填充效果"按钮，设置水平渐变、垂直渐变等填充效果，并且通过"示例"框预览设置效果。

● "保护"选项卡

用于保护单元格。选中"锁定"复选框，可防止单元格被修改、移动或删除；选中"隐藏"复选框，则可隐藏单元格中的公式。

> **说明**：通过"开始"选项卡中"字体"组、"对齐方式"组和"数字"组中的工具按钮，同样可以完成字体、对齐方式、数字格式、边框、填充等格式设置。

(六) 工作表的操作

对工作表的基本操作包括选择、插入、重命名、移动和复制、删除、打印等。

1. 选择工作表

处理工作表中的数据时，首先要选择该工作表，选择工作表可采用以下方法：

(1) 选择单张工作表

用鼠标左键单击工作表标签即可。

(2) 选择多张工作表

若要选择不连续的多张工作表，可先单击其中一张工作表的标签，按住【Ctrl】键，再单击其他工作表标签即可。

若要选择连续的多张工作表,可先单击第一张工作表的标签,按住【Shift】键,再单击最后一张工作表标签,可以选择这两张工作表之间的所有工作表。

(3)选定所有工作表

用鼠标右击任意工作表标签,在弹出的快捷菜单中选择"选定全部工作表"命令即可。

> **说明:** 当全部工作表被选中时,只需在其中任一工作表标签上右击鼠标,从弹出的快捷菜单中选择"取消组合工作表"命令可以取消选定。

2. 插入和删除工作表

(1)插入工作表

工作簿默认生成的3张工作表有时不能满足用户的实际需要,在编辑工作簿时,可能要插入新的工作表,增加工作表的数目。插入工作表的方法如下:

● 通过菜单命令插入。在"开始"选项卡的"单元格"组中单击"插入"按钮,从弹出的下拉菜单中选择"插入工作表"命令,即可在当前工作表的左侧插入一张空白工作表。

● 通过快捷菜单插入。在工作表标签中右击,从弹出的快捷菜单中选择"插入"命令,再从弹出的"插入"对话框中选中"工作表"图标,单击"确定"按钮即可。

● 通过"插入工作表"按钮插入。单击"工作表标签"中的"插入工作表"按钮,可在该按钮前插入新工作表。

(2)删除工作表

删除多余的工作表可通过以下两种方法完成:

● 通过菜单命令删除。在"开始"选项卡的"单元格"组中单击"删除"按钮,在下拉菜单中选择"删除工作表"命令,完成删除操作。

● 通过快捷菜单删除。右击工作表标签,在弹出的快捷菜单中选择"删除"命令,完成删除操作。

3. 重命名工作表

Excel 2010默认将工作表依次命名为"Sheet1","Shee2",……默认工作表名既不直观又不便于记忆,重命名工作表功能可以为工作表取一个直观且易记的名称。其操作方法如下:

(1)使用鼠标。双击要重命名的工作表标签,此时标签名呈黑色背景显示,输入新工作表名,按【Enter】键或单击标签外的任何位置,完成重命名操作。

(2)使用菜单命令。选择要重命名的工作表,在"开始"选项卡的"单元格"组中单击"格式"按钮,在下拉菜单中选择"重命名工作表"命令,进入工作表标签编辑状态,输入新工作表名,按【Enter】键或单击标签外的任何位置,完成重命名操作。

(3)使用快捷菜单。选中要重命名的工作表标签后右击,从弹出的快捷菜单中选择"重命名"命令,进入工作表标签编辑状态,输入新的工作表名称,按【Enter】键或单击标签外的任何位置,完成重命名操作。

4. 移动和复制工作表

(1)移动工作表

移动工作表是指将工作表从一个地方移至另一个地方。在同一个工作簿中移动,只是工作表位置发生变化；若在不同的工作簿间移动，则是将源工作簿中的表移到目标工作簿中，而源工作簿中的表不复存在。移动工作表的操作步骤如下：

① 选定工作表。

② 在"开始"选项卡"单元格"组中单击"格式"按钮，在打开的下拉菜单中选择"移动或复制工作表"命令，或者用鼠标右击工作表标签，在弹出的快捷菜单中单击"移动或复制"命令，打开"移动或复制工作表"对话框，如图 3－13 所示。

③ 在"移动或复制工作表"对话框中选择目标工作簿和位置，单击"确定"按钮完成移动。

（2）复制工作表

复制工作表是工作表从一个地方复制到另一个地方。无论在源工作簿中还是目标工作簿中，工作表都存在。

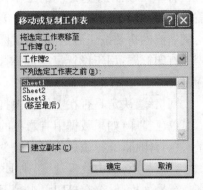

图 3－13　"移动或复制工作表"对话框

复制工作表的操作与移动工作表类似，只是在"移动或复制工作表"对话框中选中"建立副本"复选框即可。

5. 隐藏工作表

隐藏工作表的方法有以下两种：

（1）鼠标右击要隐藏的工作表标签，在弹出的快捷菜单中选择"隐藏"命令，工作表即被隐藏。

（2）在"开始"选项卡的"单元格"组中单击"格式"按钮，鼠标移至下拉菜单中的"隐藏与取消隐藏"命令，在打开的下级子菜单中选择"隐藏工作表"命令。

若要取消隐藏，相应的也有两种方法，分别如下：

（1）鼠标右击任意工作表标签，在弹出的快捷菜单中选择"取消隐藏"命令，打开"取消隐藏"对话框，在其中选择要取消隐藏的工作表名称，单击"确定"按钮，则该工作表重现。

（2）在"开始"选项卡的"单元格"组中单击"格式"按钮，鼠标移至下拉菜单中的"隐藏与取消隐藏"命令，在打开的下级子菜单中选择"取消隐藏工作表"命令，打开"取消隐藏"对话框，其后操作与（1）相同。

6. 打印工作表

工作表做好以后通常需要打印输出，以便审阅、签名、存档等。

（1）打印工作表

在打印工作表之前，要进行一些必要的参数设置，其基本操作步骤如下：

① 打开"页面设置"对话框。

在"页面布局"选项卡中，单击"页面设置"组或"调整为合适大小"组或"工作表选项"组的对话框启动器，打开"页面设置"对话框。

> **说明**：依次单击"文件|打印"，在弹出的"打印面板"中单击"页面设置"，也可打开"页面设置"对话框。

② 设置参数。"页面"选项卡、"页边距"选项卡和"页眉/页脚"选项卡的参数设置与Word中基本类似,不再赘述。在此着重介绍"工作表"选项卡的参数设置,如图3-14所示。

打印区域:用于选定当前工作表中需要打印的区域,实现打印部分内容的功能。例如,需要打印区域A1:F10时,可以直接在"打印区域"文本框中输入:＄A＄1:＄F＄10,或者单击其右侧的折叠按钮后,直接用鼠标在工作表中选定该区域。

打印标题:用于设置每一页要打印的标题行和列,这样就不需要在每一页的开头都输入标题行。

网格线:决定是否在工作表中打印水平和垂直方向的网格线。

单色打印:如果数据中有彩色的格式,而打印机为黑白打印机,则选择"单色打印";如果是彩色打印机,选择该选项可以减少打印时间。

草稿品质:选中此复选框,则Excel将不打印网格线和大多数图表,可以减少打印时间。

行号列标:设置在打印页中是否包括行号和列标。

批注:选择该选项可打印单元格的批注,在其右端还可以设置打印批注的方式。

打印顺序:为超过一页的数据选择打印的顺序,当选择了一种顺序时,可以在预览框中预览打印文档的方式。

> **说明**:通过功能区的"页面布局"选项卡设置相关参数,更加方便快捷。

③ 单击"打印预览"按钮,弹出与Word中布局类似的打印面板,可以在右侧面板中查看打印效果,在左侧面板中修改有关参数。

④ 单击"打印"按钮 ,完成工作表的输出打印。

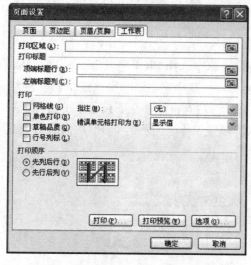

图3-14 "工作表"选项卡

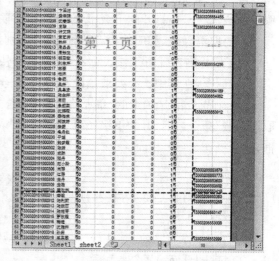

图3-15 "分页预览"视图

(2) 分页打印

在"视图"选项卡的"工作簿视图"组中单击"分页预览"按钮,可以将当前视图切换到如图3-15所示的分页预览模式,用蓝色的虚线或者实线表示分页的位置。通过单击并拖动分页符,可以调整分页的位置。

如果想从某行开始另起一页打印,可以通过人工分页方法完成。设置人工分页的操作方法如下:

① 选取一个单元格或一行作为分页点,例如,要从第 42 行开始分页,可选取单元格 A42 或者直接选中第 42 行。

② 在"页面布局"选项卡的"页面设置"组中单击"分隔符"按钮▦,在弹出的下拉列表中单击"插入分页符",此时在该行上方出现一个分页符。

在插入人工分页符后,可再拖动分页符调整分页。如果要删除分页符,只需再次选择该行,然后单击"分隔符"按钮,选择"删除分页符"命令即可。

【微信扫码】
Excel 项目 1 资源

项目一　考勤信息表的制作

一、内容描述和分析

1. 内容描述

考勤统计是办公管理的重要内容,本项目的任务是制作如图 3 - 17 所示的考勤信息表。要求:① 运用恰当的方法录入数据信息;② 根据出勤天数对加班、满勤和缺勤人员进行分类显示;③ 对出勤天数超过平均值和请假天数超过 3 天(含 3 天)的数据突出显示;④ 运用页面设置和格式设置功能美化表格,打印输出。

序号	月份	部门	姓名	性别	岗位	出勤天数	请假天数	假类
\multicolumn{9}{c}{临江机床厂考勤信息表}								
01	2017年5月	销售部	刘一飞	男	经理	△ 23	0	
02	2017年5月	销售部	李娜	女	销售	◆ 22	1	事假
03	2017年5月	销售部	孙鹏	男	销售	△ 23	0	
04	2017年5月	销售部	蒋林	女	销售	◆ 21	2	病假
05	2017年5月	销售部	张云	女	销售	○ 30	0	
06	2017年5月	技术部	庄晓云	男	经理	○ 30	0	
07	2017年5月	技术部	李逸飞	男	技术员	◆ 20	*3*	公假
08	2017年5月	技术部	钱云云	女	技术员	△ 23	0	
09	2017年5月	技术部	丁宁	男	技术员	○ 30	0	
10	2017年5月	技术部	董峰	男	技术员	○ 28	0	
11	2017年5月	技术部	章宏	男	技术员	◆ 20	*3*	病假
12	2017年5月	办公室	孙俪	女	主任	△ 23	0	
13	2017年5月	办公室	林丹	女	办事员	◆ 22	1	事假
14	2017年5月	办公室	周毅	男	办事员	○ 24	0	
						制表人:李林		
						制表日期:2017年6月5日		

图 3 - 17　"考勤信息表"样张

2. 涉及知识点

本项目涉及各类数据的输入和编辑,行列的插入和删除,单元格的格式化,工作表的插入、删除、重命名以及打印等基本操作,此外还包括条件格式以及数据有效性等高级操作。

3. 注意点

在编制表格时,一般按照录入数据、处理数据、设置格式的顺序,若需要打印输出,在数据处理结束之后先设置页面参数,再设置其他格式;输入数据时注意选用复制、粘贴、序列填充等方法减少重复工作,通过设置数据有效性减少录入错误。

二、相关知识和技能

1. 条件格式

Excel 2010 除了可以对选定单元格或者单元格区域进行格式设置外,还可以按照条件设置单元格格式,即当单元格数据满足某种条件时,单元格显示成与该条件对应的单元格样式,以便查看。Excel 2010 的条件格式功能比较强大,其一,可以通过数据条、色阶、图标集等来标识不同的数据;其二,预置了多种单元格格式供选择;其三,允许设置的规则多达 64 个。

选定要设置条件格式的单元格区域,单击"开始"选项卡"样式"组中的"条件格式"按钮,在如图 3-18 所示的下拉菜单中,选择相应的菜单命令,可以设置规则。具体规则如下:

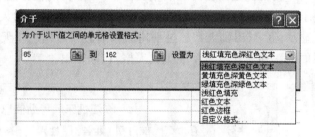

图 3-18 "格式"下拉菜单　　　　　图 3-19 "介于"对话框

● 突出显示单元格规则:该规则包括大于、小于、介于、等于、文本包含、发生日期、重复值等。如图 3-19 所示,Excel 2010 已经预置了一些格式,也可以选择"自定义格式"命令,自行设置单元格格式。

● 项目选取规则:该规则包括值最大的 10 项、值最大的 10% 项、值最小的 10 项、值最小的 10% 项、高于平均值和低于平均值等。

● 数据条:用数据条的长度表示所选单元格区域的数值大小,长度越长,表示数值越大。子菜单中呈现了系统预置的样式,可以直接选用,也可以自定义规则。

● 色阶:用单元格的背景色表示单元格数值大小,每一个值对应一种颜色。若选择"其他规则"命令重新定义,通常可以定义为双色渐变或者三色渐变。

● 图标集:把数据按照大小分成若干类,每一类用一种图标表示。Excel 2010 预置了许多图标样式,可以直接选用,也可以通过"其他规则"命令进行自定义。

● 新建规则:打开"新建规则"对话框,设置规则。

● 清除规则:快速清除单元格、工作表中的所有规则。

● 管理规则:打开"条件格式规则管理器"窗口,如图 3-20 所示,首先在"显示其格式规则"下拉列表框中选择要编辑规则的表或单元格区域,此时在管理器中显示出该表或单元格区域中所有已设定的规则。若要建立新规则,可单击"新建规则"按钮;若要编辑已有规则,可以选中规则,单击"编辑规则"按钮;若要删除规则,可以选中规则,单击"删除规则"按钮,清除规则。

图 3-20　"条件格式规则管理器"对话框

2. 数据有效性

在创建数据表时,有些单元格中的数据是有范围的。比如学历、职称等,是由有限个离散数据组成;成绩、工龄等,有各自的取值区间。为了保证数据表中录入的数据都在有效范围之内,可以设置单元格的数据有效性。通过设置单元格数据有效性可以提示用户在有效范围内输入数据,并且当输入错误数据时给出警告信息。

数据有效性是通过"数据有效性"对话框设定的。单击"数据"选项卡"数据工具"组中的"数据有效性"按钮,可以打开"数据有效性"对话框。其中:

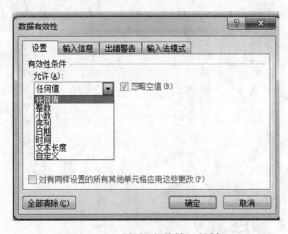

图 3-21　"数据有效性"对话框

图 3-22　"数据有效性"的设置效果

● "设置"选项卡:用于设置单元格数据必须满足的条件。如图 3-21 所示,有效性条件默认为"任何值";当选择"序列",并设置序列数据来源时,可以在输入数据时产生一个下拉列表,如图 3-22 所示;当选择"自定义"选项时,可以通过公式来规定单元格数据必须满足的条件;当选择"整数"等其他选项时,可以设置取值范围。

● "输入信息"选项卡:用于设置录入数据时的提示信息。

● "出错警告"选项卡:用于设置输入无效数据后弹出的"警告"对话框的样式和信息。
● "全部清除"按钮:清除数据有效性的所有设置。

三、操作指导

启动 Excel 2010,系统自动创建一个 Excel 工作簿文件,默认文件名为:工作簿1,在工作簿文件中依次执行以下操作。操作结果可参看"Excel 项目 1 资源"中的 PDF 文档"考勤信息表_样张"。

1. 在工作表 Sheet1 中输入基础数据

(1)输入表格列标题

选定单元格 A1,输入"编号",按【Tab】键,或直接单击 B1,使 B1 成为活动单元格,输入"月份"。按此方法,依次在后续单元格中输入部门、姓名、岗位、出勤天数、请假天数等列标题。

(2)用填充柄输入有变化规律的数据

选定单元格 A2,输入"'01",然后将光标移至右下角的填充柄,按住鼠标左键向下拖拽至单元格 A15,"编号"列填充完毕。

(3)用填充柄输入相同内容的单元格

单击"B2"单元格,输入"2017年5月",将光标移至右下角的填充柄,按住鼠标左键向下拖拽至单元格 B15,将光标移至智能标记▣,单击右侧的下拉箭头,在列表中选择"复制单元格"。使用类似方法,继续录入图 3-23 中的"岗位"和"部门"信息。

	A	B	C	D	E	F	G
1	序号	月份	部门	姓名	岗位	出勤天数	请假天数
2	01	2017年5月	销售部	刘一飞	经理	23	0
3	02	2017年5月	销售部	李娜	销售	22	1
4	03	2017年5月	销售部	孙鹏	销售	23	0
5	04	2017年5月	销售部	蒋林	销售	21	2
6	05	2017年5月	销售部	张云	销售	30	0
7	06	2017年5月	技术部	庄晓云	经理	30	0
8	07	2017年5月	技术部	李逸飞	技术员	20	3
9	08	2017年5月	技术部	钱云云	技术员	23	0
10	09	2017年5月	技术部	丁宁	技术员	30	0
11	10	2017年5月	技术部	董峰	技术员	28	0
12	11	2017年5月	技术部	章宏	技术员	20	3
13	12	2017年5月	办公室	孙俪	主任	23	0
14	13	2017年5月	办公室	林丹	办事员	22	1
15	14	2017年5月	办公室	周毅	办事员	24	0

图 3-23　职工信息数据

说明:① 数值或者日期数据如果超过列宽,会显示成一串"######",此时增大列宽即可。② 含有数字的文本数据以及日期数据,如 s1001、2017 年 6 月,拖动填充柄,会产生类似于数值数据中的序列数据;普通文本数据或者数值数据,如姓名、籍贯、100 等,拖动填充柄填充的是相同数据。

（4）如图 3 - 23 所示，输入"姓名"列中的数据。

（5）定义数据有效性，保证正确输入"出勤天数"信息。

一个月的出勤天数是有范围的，只能在 0～31 之间。通过设置数据有效性，可以防止输入无效数据。具体操作步骤如下：

① 选中 F2：F15 单元格区域，在"数据"选项卡"数据工具"组单击"数据有效性"按钮，打开"数据有效性"对话框，如图 3 - 24 所示，设置允许的数据类型为"小数"，数据介于 0～31 之间。

图 3 - 24 "出勤天数"的数据有效性设置（1）

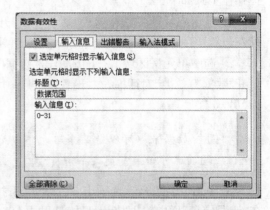

图 3 - 25 "出勤天数"的数据有效性设置（2）

② 单击"输入信息"选项卡，在"标题"栏中输入：数据范围，在"输入信息"栏中输入提示信息"0 - 31"，如图 3 - 25 所示

③ 单击"出错警告"选项卡，在"样式"下拉列表中选择"停止"，在标题栏中输入"警告"，在"错误信息"栏中输入：天数介于 0 和 31 之间。

④ 单击"确定"按钮，关闭对话框。

⑤ 选中 F2 单元格，弹出提示信息"数据范围 0 - 31"，如图 3 - 26 所示，输入值 23。

⑥ 选择 F3 单元格，并输入值 33，此时将弹出如图 3 - 27 所示的"警告"对话框，单击"重试"按钮关闭对话框，并在 F3 单元格中重新输入值 22。

⑦ 以同样方法输入图 3 - 23 中的其他出勤天数信息。

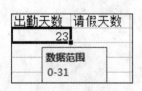

图 3 - 26 提示信息

图 3 - 27 "警告"对话框

（6）录入"请假天数"信息

和"出勤天数"一样，"请假天数"的数值范围也在 0～31 之间。模仿"出勤天数"数据有效性设置方法，定义数据范围、输入信息和出错警告等内容，并输入如图 3 - 23 所示数据。

（7）录入其他信息

选择单元格 G17，输入"制表人：李林"，选择单元格 G18，输入"制表日期：2017 年 6 月 5 日"。

2. 插入行并输入表格标题

鼠标单击行号"1",选中第 1 行,然后单击"开始"选项卡"单元格"组的"插入"按钮 ，在工作表最上端增加一个空行。选中单元格 A1,输入表格标题"临江机床厂考勤信息表"。

3. 插入"性别"列并设置数据有效性

在"岗位"列的左侧插入"性别"列,设置数据有效性,使该列只能输入"男"或者"女"。具体操作步骤如下:

① 单击列号"E",选中该列,然后单击"开始"选项卡"单元格"组的"插入"按钮 ，在该列左边新增一空列,在新增列中输入列标题"性别"。

② 选中单元格区域 E2:E16,单击"数据"选项卡"数据工具"组中的"数据有效性"按钮,打开"数据有效性"对话框,在"设置"选项卡中设置允许的数据类型为"序列",数据来源设置为"男,女"。

> **注意**：数据来源可以是某个单元格或者单元格区域,也可以是本例中的具体值,注意值之间的逗号必须是英文半角符号。

③ 单击"出错警告"选项卡,在"样式"下拉列表中选择"信息",在标题栏中输入"提示",在"错误信息"栏中输入"性别只能是男或女";单击"确定"按钮,关闭对话框。

④ 选中 E2 单元格,单击单元格右侧的下拉箭头,在弹出的列表中选择"男"。

⑤ 选择其他单元格,参照图 3-23,用同样方法录入"性别"信息。

> **说明**：若要插入多列,如 4 列,可以选中 4 列,单击"插入"按钮,将在选中区域的左侧新增 4 个空列；插入多行的方法与此类似,插入的新行在所选行的上方。

4. 参照步骤 3 输入"假类"信息

按规定,企业中的假期一般包括病假、事假、婚假、丧假、探亲假、工伤假等等,本题将假期归为三种:病假、事假和公假。要求在表格中增加"假类"列,并参照步骤 3 输入假期类别。

操作步骤如下:

① 选中 I2 单元格,输入列标题"假类"。

② 选中 I3:I16 单元格区域,设置数据有效性,使单元格区域只能输入病假、事假或者公假。

③ 参照图 3-17,输入"假类"信息,方法同步骤 3。

5. 将原始数据保存为工作簿文件

单击"自定义工具栏"中的"保存"按钮,或者执行"文件|保存"命令,打开"另存为"对话框,保存位置自定,文件名为"考勤信息表",保存类型为".xlsx",然后单击窗口右上角的"关闭"按钮,关闭 Excel 2010。

6. 打开已保存的工作簿文件

运行 Excel 2010,执行"文件|最近所用文件"菜单命令,选择"考勤信息表.xlsx",打开该文件。

7. 将 Sheet1 中数据的值复制到 Sheet2 中

因为仅复制数据的值，所以要使用"选择性粘贴"功能。具体操作步骤如下：

① 在 Sheet1 工作表中选择单元格区域 A1:I19，单击"开始"选项卡"剪贴板"组中的"复制"按钮 📄，该区域周围出现一圈虚线框，表明该区域已被选中。

② 单击工作表标签 Sheet2，在工作表 Sheet2 中，选择单元格 A1，右击鼠标，在快捷菜单中单击"选择性粘贴"，打开"选择性粘贴"对话框，选择粘贴方式为"数值"，单击"确定"按钮，完成单元格复制。

说明：在工作表 Sheet2 中，"月份"列的数据会变成数值，此时需要重新设置这些数据的单元格格式。

③ 选择"月份"列中的单元格区域 B3:B16，右击鼠标，在弹出的快捷菜单中选择"设置单元格格式"菜单命令，打开"设置单元格格式"对话框。

④ 在"设置单元格格式"对话框中，选定"数字"选项卡，在"分类"列表框中选择"日期"，在"类型"列表框中选择"2001 年 3 月"。

⑤ 单击"确定"按钮，关闭对话框。

以下操作均在工作表 Sheet2 中完成。

8. 设置表格标题格式

表格标题格式为"黑体、字号 18，居中放置"，标题行行高为 35。操作步骤如下：

① 合并单元格。选中单元格区域 A1:I1，单击"开始"选项卡"对齐方式"组中的"合并后居中"按钮 🔲合并后居中，使选中区域合并为一个单元格，并记为单元格 A1。

说明：若要撤销合并单元格，可以在"合并后居中"按钮的下拉菜单中选择执行"取消单元格合并"菜单命令。

② 设置字体。选中单元格 A1，在"开始"选项卡"字体"组中设置字体格式为"黑体、18 号"。

③ 设置行高。在"开始"选项卡"单元格"组中单击"格式"按钮，在下拉菜单中选择"行高"，打开"行高"对话框，输入 35，单击"确定"按钮，关闭"行高"对话框。

9. 设置数据单元格格式

（1）设置字体格式

设置字体格式的操作步骤如下：

① 选择列标题所在区域 A2:I2，设置单元格格式为"宋体、加粗、字号 16"。

② 选择其他单元格区域 A3:I19，设置单元格格式为"宋体、字号 12"。

（2）设置列宽和行高

设置表格行宽和列高的操作步骤如下：

① 选择列标题所在区域 A2:I2，在"开始"选项卡"单元格"组中单击"格式"按钮，在下拉菜单中选择"列宽"，打开"列宽"对话框，输入 10。

② 将光标移至列号 B 和 C 的交界处，当光标变成双向箭头时，按下鼠标左键向右拖拽，手动调整列宽为 11.5。

③ 选择第 2 行，设置列标题行的行高为 25。

④ 选择 A3:I19,设置数据单元格区域的行高为 18。

(3) 在"设置单元格格式"对话框中设置对齐方式和边框

设置对齐方式和边框的操作步骤如下:

① 选中单元格区域 A2:I16,单击"开始"选项卡"对齐方式"组的扩展按钮,打开"设置单元格格式"对话框,选择"对齐"选项卡,设置文本对齐方式为:水平对齐——居中,垂直对齐——居中。

② 单击"边框"选项卡,在"样式"列表中,选择"细实线",然后单击"内部"按钮,设置内部边框;选择"粗实线",然后单击"外边框"按钮,设置外边框,效果如图 3-28 所示。单击"确定"按钮,关闭对话框。

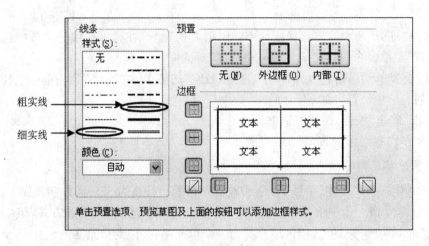

图 3-28 单元格边框格式设置

③ 选择列标题单元格区域 A2:I2,再次打开"边框"选项卡,在"样式"列表中,选择"双线型",然后单击"下边框"按钮，将列标题单元格的下边框设置为双线型。

④ 单击"确定"按钮,关闭对话框。

> **注意**:① 在设置单元格格式前,要先选择好单元格或单元格区域;② 在"边框"选项卡中一定要先选择线条样式和颜色,再单击要添加边框的部位。

10. 应用条件格式标识满足条件的单元格

(1) 用图标标识满勤、加班和缺勤人员

根据工作日历,一月内出勤天数达 23 天为满勤,多于 23 天为加班,少于 23 天为缺勤。操作步骤如下:

① 选中 G3:G16 单元格区域,在"开始"选项卡的"样式"组中单击"条件格式"按钮,在下拉菜单中选择"新建规则",打开"新建规则"对话框。

② 在"选择规则类型"框中选择"基于各自值设置所有单元格的格式"。

③ 在"格式样式"下拉列表中选择"图标集"。

④ 在"图标样式"下拉列表中选择"三标志"。

⑤ 如图 3 - 29 所示,设置不同图标对应的数值范围。

图 3 - 29 "新建格式规则"对话框——图标集

⑥ 单击"确定"按钮,关闭"新建规则对话框"。

> **注意**:仅给部分满足条件的单元格加图标时,应该将不满足条件的单元格图标设置为"无单元格图标"

(2)用底纹标识出勤超过平均数的人员

操作步骤如下:

① 再次选中 G3:G16 单元格区域,单击"条件格式"按钮,依次执行"项目选取规则|高于平均值"菜单命令,打开"高于平均值"对话框。

② 如图 3 - 30 所示,在其中的下拉列表框中选择"自定义格式",单击"确定"按钮,打开"设置单元格格式"对话框。

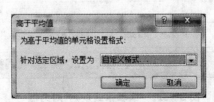

图 3 - 30 "高于平均值"对话框

③ 单击"填充"选项卡,在背景色调色板中选择如图 3 - 31 所示的背景色;单击"图案颜色"组合框的下拉箭头,在弹出的"图案颜色"中选择"深蓝,文字 2,淡色 40%";单击"图案样式"组合框,选择"12.5%灰色";在"示例"区域查看设置效果。

④ 单击"确定"按钮,关闭所有对话框。

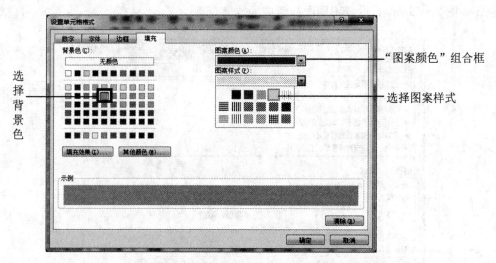

选择背景色

"图案颜色"组合框

选择图案样式

图 3 - 31 使用"设置单元格格式"对话框设置底纹

（3）使用字体格式标识缺勤超过 3 天（含 3 天）的人员

操作步骤如下：

① 选中 H3:H16 单元格区域，单击"条件格式"按钮，依次执行"突出显示单元格规则丨其他规则"菜单命令，打开"新建格式规则"对话框。

② 在"选择规则类型"列表框中选中"只为包含以下内容的单元格设置格式"，在"编辑规则说明"中设置参数如图 3 - 32 所示。

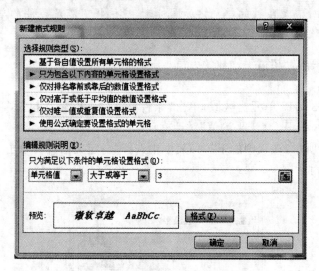

图 3 - 32 "编辑格式规则"对话框

③ 单击"格式"按钮，打开"设置单元格格式"对话框，设置字形为"加粗倾斜"，颜色为"深红"。单击"确定"按钮，返回"新建格式规则"对话框。

④ 再次单击"确定"按钮，关闭"新建格式规则"对话框。

至此数据表制作完毕。效果如图 3 - 17 所示。

11. 制作考勤工作表副本

(1) 复制工作表 Sheet1

操作步骤如下：

① 将鼠标光标指向工作表标签"Sheet1"，右击鼠标，在打开的快捷菜单中单击"移动或复制"菜单命令，打开"移动或复制"对话框。

② 如图 3-33 所示，设置复制后的工作表位置为"移至最后"，并选中"建立副本"复选框。

③ 单击"确定"按钮。

可见在工作簿窗口中出现复制好的工作表，标签为"Sheet1(2)"。

图 3-33 "移动或复制工作表"对话框

> **说明：**① 在"移动或复制工作表"对话框中，若选择其他工作簿文件，可以将工作表复制或移动到其他文件中；若不选中"建立副本"复选框，则执行的是移动工作表的操作。② 将鼠标光标指向要移动的工作表标签后，按下鼠标左键并拖动到目标位置，可以方便地移动工作表；若在拖动鼠标的同时按住 Ctrl 键，可以完成复制工作表的任务。

(2) 套用表格样式来设置表 Sheet1(2)中的表格格式

操作步骤如下：

① 选择表格区域 A2:I16，单击"开始"选项卡"样式"组中的"套用表格样式"按钮，在弹出的样式列表中选择"表样式中等深浅 2"。

② 选择表格区域 A1:I1，将表格标题居中放置。

③ 单击"排序和筛选"按钮，在打开的下拉菜单中选择"筛选"，以去除表格中的筛选标记。结果如图 3-34 所示。

序号	月份	部门	姓名	性别	岗位	出勤天数	请假天数	假类
01	2017年5月	销售部	刘一飞	男	经理	23		
02	2017年5月	销售部	李娜	女	销售	22		事假
03	2017年5月	销售部	孙鹏	男	销售	23		
04	2017年5月	销售部	蒋林	女	销售	21		病假
05	2017年5月	销售部	张云	女	销售	30	0	
06	2017年5月	技术部	庄晓云	男	经理	30	0	
07	2017年5月	技术部	李逸飞	男	技术员	20	3	公假
08	2017年5月	技术部	钱云云	女	技术员	23	0	
09	2017年5月	技术部	丁宁	男	技术员	30	0	
10	2017年5月	技术部	董峰	男	技术员	28	0	
11	2017年5月	技术部	章宏	男	技术员	20	3	病假
12	2017年5月	办公室	孙俪	女	主任	23	0	
13	2017年5月	办公室	林丹	女	办事员	22	1	事假
14	2017年5月	办公室	周毅	男	办事员	24		

临江机床厂考勤信息表

制表人：李林
制表日期：2017年6月5日

图 3-34 套用表格样式后的工作表

(3) 修改工作表标签

操作步骤如下：

① 将鼠标移至本工作表标签"Sheet1(2)"处，右击鼠标，在打开的快捷菜单中单击"重

命名"菜单命令,输入"考勤信息表副本"。

② 将鼠标移至工作表标签"Sheet2"处,双击鼠标,表标签进入编辑状态,输入"考勤信息表"。

③ 将鼠标移至工作表标签"Sheet1"处,将其重命名为"原始数据"。

(4) 修饰表标签

操作步骤如下:

① 鼠标右击"考勤信息表副本"底部标签,弹出快捷菜单。

② 将鼠标移至"工作表标签颜色"菜单项,在出现的颜色板中,选择"标准色——红色",此时,表标签文字下出现一条红色的下划线。

③ 单击其他工作表标签,可见"考勤信息表副本"标签已经设置为红色。

12. 打印"考勤信息表"

要求使用 B5 纸,横向打印,表格水平居中放置,每页都要打印列标题和页码。操作步骤如下:

① 选择"考勤信息表",单击"开始"选项卡"页面设置"组的扩展按钮,打开"页面设置"对话框。

② 在"页面"选项卡中,设置"方向——横向,纸张大小——B5"。

③ 单击"页边距"选项卡,设置"居中方式——水平"。

④ 单击"页眉/页脚"选项卡中的"自定义页脚"按钮,打开"页脚对话框",选择"中",单击"插入页码"按钮。单击"确定",结束页脚设置。

⑤ 单击"工作表"选项卡,设置"顶端标题行"为"＄2：＄2"。

说明:"顶端标题行"区域的内容在打印稿的每一页顶部都会打印。

⑥ 单击"打印预览"按钮,查看打印效果。

13. 单击"保存"按钮,保存文件。

四、实战练习和提高

运行 Excel 2010,创建工作簿文件,在工作表 Sheet1 中,按照以下步骤,完成职工信息简表的制作。操作结果可看"Excel 项目 1 资源"中的 PDF 文件"职工信息简表_样张"。

	A	B	C	D	E	F
1	编号	姓名	性别	科室	出生日期	工资
2	01	李阳	男	科室一	1986/6/21	5680.24
3	02	单同	男	科室一	1976/4/22	7620.65
4	03	林红	女	科室一	1962/7/12	10852.35
5	04	蒋源	男	科室二	1968/9/24	9582.32
6	05	张媛	女	科室二	1984/3/5	6568.65
7	06	李娜	女	科室二	1975/4/20	8423.58
8	07	朱琳	女	科室二	1971/6/12	8536.44
9	08	李刚	男	科室二	1989/9/3	5203.88

图 3-35 基础数据表

1. 如图 3-35 所示,输入基础数据

① 在 A1:F1 单元格区域中输入:编号、姓名、性别、科室、出生日期和工资。

> **提示**:先将"编号"列的单元格格式设置为"文本",或者在输入编号前先输入单引号(英文半角符号),如'01。

② 使用 Excel 填充柄输入"编号"列的内容。

③ 输入"姓名"列的数据。

④ 采用复制单元格的方法输入"性别"、"科室"两列的数据。

⑤ 输入"出生日期"和"工资"列的数据。

⑥ 在"姓名"和"性别"两列之间插入空白列,输入列标题"身份证号",在"科室"和"出生日期"两列之间插入空白列,输入列标题"学历"。

⑦ 选定单元格区域 C2:C9(身份证号),首先设置单元格格式为"文本",然后设置"数据有效性",使得用户在选中单元格时,出现"文本长度为 18"的提示信息,在输入错误,即身份证号不是 18 位时,出现如图 3-36 所示的"提示"对话框。

![提示对话框,图标旁显示"身份证号长度为18",下方有"确定""取消""帮助(H)"三个按钮]

图 3-36　"提示"对话框

⑧ 选定单元格区域 F2:F9,设置"数据有效性",使得用户在录入"学历"数据时,出现包含"研究生、本科、专科、其他"4 个条目的下拉列表。

⑨ 输入图 3-37 中的"身份证号"列和"学历"列的数据,体会数据有效性在数据输入时的用法,观察输入错误时的现象。

身份证号	学历
320402198606212354	研究生
320405197604221235	本科
110108196207122325	研究生
110108196809242335	本科
320404198403052222	本科
320404197504204223	研究生
320301197106122543	研究生
320301198909036552	专科

图 3-37　身份证号和学历

⑩ 在第一行前插入一行,选择单元格 A1,输入表格标题:职工信息简表。

2. 设置单元格格式

① 字体字号:表格标题——黑体,24 号;列标题——宋体,16 号;数据——宋体,14 号。

② 行高:表格标题行——35,列标题行——25,数据行——20。

③ 列宽:均设置为"自动调整"。

④ "工资"列数据保留1位小数,使用人民币数字格式。

⑤ "出生日期"列格式为:××××年×月×日。

⑥ 设置表格标题"合并后居中",其余所有单元格均设置为"水平居中,垂直居中"。

⑦ 给"工资"列设置条件格式为"蓝—白—红色阶"。

⑧ 选中"学历"列,使用条件格式设置学历为"本科"的单元格格式为"加粗倾斜"。

⑨ 给表格标题设置底纹样式如下:背景色——选择较深的蓝色,图案颜色——蓝色,强调文字颜色1,淡色80%,图案样式——12.5%,灰色。

⑩ 给表格标题外的其他数据区域加边框,外框线的样式为"略粗实线",内框线的样式为"略细实线",颜色均为"自动"。

3. 页面布局

① 纸张大小——B5,纸张方向——横向。

② 页边距为:上——3厘米,下——3厘米,左——1.8厘米,右——1.8厘米;页眉边距——1.5厘米,页脚边距——1.56厘米;居中方式——水平。

③ 在页眉中居中输入"专业: 班级: 学号: 姓名: "并填入真实信息,在页脚中插入页码,页码居中放置。

④ 设置"顶端标题行"区域,使得每页中均有表格标题和列标题。

⑤ 打印预览。效果如图3-38所示。

职工信息简表							
编号	姓名	身份证号	性别	科室	学历	出生日期	工资
01	李阳	320402198606212354	男	科室一	研究生	1986年6月21日	¥ 5,680.24
02	单同	320405197604221235	男	科室一	*本科*	1976年4月22日	¥ 7,620.65
03	林红	110108196207122325	女	科室一	研究生	1962年7月12日	¥ 10,852.35
04	蒋源	110108196809242335	男	科室二	*本科*	1968年9月24日	¥ 9,582.32
05	张媛	320404198403052222	女	科室二	*本科*	1984年3月5日	¥ 6,568.65
06	李娜	320404197504204223	女	科室二	研究生	1975年4月20日	¥ 8,423.58
07	朱琳	320301197106122543	女	科室二	研究生	1971年6月12日	¥ 8,536.44
08	李刚	320301198909036552	男	科室二	专科	1989年9月3日	¥ 5,203.88

图3-38 "职工信息简表"样张

4. 工作表的操作

① 将当前工作表标签改为"职工信息简表",设置工作表标签颜色为"蓝色,强调文字颜色1,深色25%"。

② 将表格内容复制到Sheet 2中,但是仅保留其值和数字格式。

③ 在Sheet2中选择列标题和数据区域,套用表格格式为"表样式浅色12"。

5. 保存工作簿文件,并命名为"职工信息简表"。

【微信扫码】
Excel 项目 2 资源

项目二　学生情况统计表的制作

一、内容描述和分析

1. 内容描述

在"学生情况统计表_原始材料"工作簿文件中,运用 Excel 2010 的公式和函数功能对其中的"学生中考成绩"、"学生基本情况"和"成绩情况统计"等三张工作表进行补充和完善。

2. 涉及知识点

本项目主要涉及公式和函数方面的知识。具体包括:① 单元格引用和各类运算符的运用;② 插入、复制和删除公式的方法;③ 函数的基本概念以及数值计算、字符数据处理、日期数据处理以及查询等常用函数的用法;④ 插入函数的方法。

3. 注意点

在使用公式和函数的过程中,要注意以下几点:① 正确记忆函数的名称、功能及其参数的作用;② 公式和函数中所有的运算符和标点符号均使用英文半角符号;③ 公式中的文本型数据要加双引号作为定界符;④ 正确使用绝对引用、相对引用和混合引用等单元格引用方式。

二、相关知识和技能

1. 单元格的引用

使用公式时经常会引用单元格,这些单元格可以是当前工作表中的单元格,也可以是同一工作簿其他工作表中的单元格,还可以是其他工作簿文件中的单元格。Excel 中的单元格引用分为相对引用、绝对引用和混合引用。在进行公式复制时,引用方式不同,计算结果也不同。

(1) 相对引用

相对引用是 Excel 默认的单元格引用方式,形式是"列号+行号",例如 A3,D1:F7 等。在相对引用方式下,当公式被复制到新位置时,公式中的单元格地址会随着目标单元格位置的改变而改变,导致计算结果发生变化。

(2) 绝对引用

绝对引用的形式是在单元格的列号和行号之前分别添加"＄"符号,如＄C＄3,＄G＄3。在绝对引用方式下,当公式被复制到新位置时,公式中的单元格地址始终保持不变,因此计算结果不变。

(3) 混合引用

混合引用是指在单元格地址中,既有绝对引用又有相对引用。混合引用的形式是在单元格的列号或行号其中之一前加＄符号,例如＄A1,A＄1 等。当公式被复制到新位置时,如果希望行号固定不变,在行号前面加上"＄",如果希望列号固定不变,在列号前面加上"＄"。

（4）引用其他工作簿和工作表中的单元格

对同一工作簿中其他工作表的单元格或单元格区域进行引用，引用格式是：工作表名！单元格（或区域）的引用地址，例如：Sheet2！B3。

在引用其他工作簿中的单元格时，如果要引用的工作簿已经打开，引用格式是：［工作簿名称］工作表名！单元格（或区域）的引用地址，例如：［Book2］Sheet2！B3；如果事先没有打开，则必须在公式中的工作簿名称前加入该工作簿的路径，并在路径前和工作表名后加上单引号，即路径、文件名和工作表名要用单引号括起来，例如：'D:\［Book2］Sheet2'！B3。

> **说明**：在公式中选定单元格地址，使用快捷键【F4】可以对引用类型进行快速切换。例如，选中 A1，多次按下快捷键【F4】，单元格引用将依次转换为 $A$1、A$1、$A1、A1。

2. 公式的概念

公式是能让 Excel 进行计算的表达式。在 Excel 2010 中，公式始终以"＝"开头，然后是算式，算式中可以包含运算符、常量、单元格引用、单元格区域引用和函数等，如"＝SUM(A2:A4)/$A$5"。其中，"＝"是公式的开始标志，SUM()是函数，A2:A4 是单元格区域引用，$A$5 是单元格绝对引用，"/"是运算符。公式的计算结果显示在公式所在的单元格中。

3. 公式中的运算符

（1）Excel 中的运算符

运算符即代表各种运算的符号。在 Excel 中，公式中的运算符包括算术运算符、比较运算符、文本运算符和引用运算符 4 种。

● 算术运算符　用来完成基本的数学运算，如加法、减法和乘法等。它包括＋（加号）、-（减号）、*（乘号）、/（除号）、%（百分号）和^（乘方）。

● 比较运算符　用于进行两个值的比较运算，其结果是逻辑值 TRUE 或 FALSE。比较运算符有＝（等号）、＞（大于号）、＜（小于号）、＞＝（大于等于号）、＜＝（小于等于号）和＜＞（不等号）。

● 文本运算符　用于连接两个或更多文本字符串以产生一串文本，用"&"表示。例如，"Basket"&"ball"的结果是"Basketball"。

● 引用运算符　用于将单元格区域合并计算，包括冒号，逗号和空格。区域运算符"：（冒号）"，用于对两个引用之间包括两个引用在内的单元格的引用，如 B5:B15，表示从对 B5 到 B15 之间所有单元格的引用；联合运算符"，（逗号）"用于将多个引用合并为一个引用，如 B5:B15,D5:D15，表示对单元格区域 B5:B15 和单元格区域 D5:D15 中的所有单元格的引用；交叉运算符"空格"表示对几个单元格区域所共有的单元格的引用，如"B7:D7　C6:C8"表示对这两个单元格区域所共有的单元格 C7 的引用。

（2）运算符的优先级

当公式中同时出现多个运算符时，Excel 对运算符的优先级做了严格规定：

① 算术运算符从高到低分为三个级别：百分号和乘方、乘除、加减。

② 逻辑运算符的优先级从高到底依次为逻辑非、逻辑与和逻辑或。

③ 比较运算符的优先级高于文本运算符和算术运算符,比较运算符之间优先级相同。

④ 通过加圆括号可以改变运算的顺序。

⑤ 引用运算符作为一类特殊的运算符,优先级高于上述几类。

4. 公式的使用

(1) 输入公式

方法一:在存放计算结果的单元格中输入等号"＝"和算式,按下【Enter】键确认。

方法二:选定存放结果的单元格,在编辑栏输入公式,单击编辑栏中的"输入"按钮✓或者按下【Enter】键确认。

(2) 修改公式

选定公式所在的单元格,然后在编辑栏中修改,或双击单元格后直接在单元格中修改。

(3) 删除公式

选定公式所在的单元格,按【Delete】键即可。

(4) 复制公式

复制公式的方法和复制数据一样,最方便的方法是使用填充手柄。

> **注意**:如果公式中单元格的引用方式是相对引用或者混合引用,复制后的公式中的单元格地址会发生变化。

5. 函数的定义

函数实际上是 Excel 2010 预先编辑好的、具有特定功能的内置公式。按照功能,这些函数被分为数学和三角函数、统计函数、文本函数、数据库函数、日期和时间函数、工程函数、财务函数、信息函数、逻辑函数、查找和引用函数等。在公式中可以直接调用这些函数,函数调用的语法格式为:

函数名称(参数 1,参数 2,…)

其中参数是用来执行计算的数值,可以是数字、单元格引用、单元格名称、文本等,也可以是常量、公式或其他的数,如 SUM(1,2,3),SUM(A1:A2)等。函数执行的结果,称为函数的"返回值"。

> **说明**:① 函数分为有参函数和无参函数,无参函数虽然不带参数,但是函数名后也必须带一组空括号。
>
> ② 在调用函数时,参数的数据类型必须和函数定义中的要求一致。
>
> ③ 如果函数要以公式的形式出现,必须在函数名前面输入等号。

6. 函数的输入

输入函数可以采用直接输入、"插入函数"对话框输入和"函数库"组输入三种方式。

(1) 直接输入

如果对所使用的函数名称、参数和作用很熟悉,可以直接在单元格或编辑栏中输入函数,按【Enter】键或单击"编辑栏"左侧的"输入"按钮✓确认即可。

(2) "插入函数"对话框输入

如果要输入比较复杂的函数,或者为了避免在输入过程中产生错误,可以通过"插入函数"对话框输入。操作步骤如下：

① 选定要输入函数的单元格。

② 单击"公式"选项卡中的"插入函数"按钮，打开"插入函数"对话框，如图 3-39 所示。

 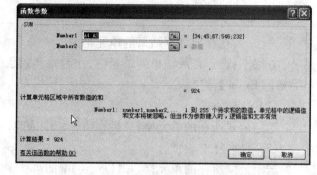

图 3-39 "插入函数"对话框　　　　图 3-40 "函数参数"对话框

③ 在"或选择类别"组合框中选定需要的函数类别，然后在"选择函数"列表框中选定函数并单击"确定"按钮，打开"函数参数"对话框，如图 3-40 所示。

> **说明**：在"插入函数"对话框的"搜索函数"文本框中输入计算目标，如求和、查找等，然后单击"转到"按钮，"选择函数"列表框中将出现 Excel 自动推荐的函数。

④ 在"函数参数"对话框中直接输入参数，或者用鼠标直接在工作表中选取。

⑤ 单击"确定"按钮，回到工作表，此时，可见单元格中显示数值，编辑栏中显示公式。

（3）"函数库"组输入

"函数库"组输入方式与"插入函数"对话框输入方式的步骤基本一致，只是在选择函数时有所不同，"函数库"组输入方式是在"公式"选项卡的"函数库"组中选择函数。在 Excel 2010 中，函数被分类放置，如图 3-41 所示，单击某个类别的扩展按钮，在弹出的下拉菜单中即可选择该类别中的函数。

图 3-41 "公式"选项卡的"函数库"组

除此之外，Excel 2010 还提供了快捷菜单完成自动计算。鼠标右击状态栏，在弹出的快捷菜单中选择要执行的计算功能，即可对选定区域内的数据进行计算，并将选定的计算结果显示在状态栏里。

7. 使用公式和函数时出现的常见错误与解决方案

（1）＃＃＃＃＃

原因：单元格中所含的数字、日期或时间超过单元格宽度或者单元格的日期时间产生了一个负值，就会出现＃＃＃。

解决方法：增加单元格列宽，应用不同的数字格式，保证日期与时间公式的正确性。

（2）♯DIV/0!

原因：除数使用了零值，或者使用了指向空单元格及包含零值单元格的单元格引用。

解决方法：将除数改为非零值。

（3）♯N/A

原因：函数或公式中没有可用的数值。

解决方法：如果工作表中某些单元格暂时没有数值，可以在这些单元格中输入"♯N/A"，公式在引用这些单元格时，将不进行数值计算，而是返回♯N/A。

（4）♯NAME?

原因：在公式中使用了 Excel 无法识别的文本。例如，区域名称或函数名称拼写错误，或者删除了某个公式引用的名称。

解决方法：确定使用的名称确实存在。如果所需的名称没有被列出，添加相应的名称，如果名称存在拼写错误，修改拼写错误。

（5）♯NULL!

原因：试图为两个并不相交的区域指定交叉点，将显示此错误。

解决方法：如果要引用两个不相交的区域，需使用联合运算符（逗号）。

（6）♯NUM!

原因：公式或函数包含无效数值。

解决方法：检查数字是否超出限定区域，确认函数中使用的参数类型是否正确。

（7）♯REF!

原因：单元格引用无效。例如，如果删除了某个公式所引用的单元格，将出现该错误。

解决方法：单击撤销按钮以恢复工作表数据，或者修改公式。

（8）♯VALUE!

原因：公式所包含的单元格有不同的数据类型。例如，如果单元格 A1 包含一个数字，单元格 A2 包含文本，则公式＝"A1＋A2"将返回错误值♯VALUE!。

解决方法：确认公式或函数所需的参数或运算符正确，并且公式引用的单元格中包含的都是有效的数值 。

三、操作指导

下载压缩文件"Excel 项目 2 资源"并解压缩。打开其中的工作簿文件"学生情况统计表_原始材料.xlsx"，并另存为文件"学生情况统计表.xlsx"，然后对该工作簿文件做如下操作。操作中注意及时保存，操作结果可看 PDF 文档"学生情况统计表_样张.pdf"。

1. "学生中考成绩"工作表的完善制作

在"学生中考成绩"工作表中，计算每个学生的总分和平均分，并统计每门课程的最高分、最低分和达到"优秀"的人数。

选中工作表"学生中考成绩"，依次完成以下操作。

（1）用"函数库"组输入函数，计算总成绩

总成绩是各门课程成绩之和，使用求和函数 SUM，操作步骤如下：

① 在单元格 J1 中输入"总成绩"，然后选中保存总成绩的单元格 J2。

② 单击"公式"选项卡中"函数库"组的"自动求和"扩展按钮 自动求和，在打开的下拉菜单中选择"求和"，此时在单元格 J2 和编辑栏中出现了公式：＝SUM(C2:I2)。

> **说明**：也可在单元格 J2 中直接输入公式"＝C2＋D2＋E2＋F2＋G2＋H2＋I2"或者"＝SUM(C2:I2)"。

③ 单击编辑栏的"输入"按钮 ✓，在单元格 J2 中出现计算结果 629.5。

④ 选定单元格 J2，将鼠标定位至右下角的填充柄，按住左键向下拖至 J19，得到所有学生的总成绩。

> **说明**：步骤④ 被称为公式复制。依次选中 J3、J4 等单元格，查看编辑栏中的计算公式，发现在复制公式时，公式中的单元格地址发生了变化，这是因为被复制的公式中单元格区域采用的是相对引用方式。

(2) 用直接输入的方法计算平均成绩

求平均值的函数是 AVERAGE，操作步骤如下：

① 在单元格 K1 中输入"平均成绩"，并选中存放平均成绩的单元格 K2。

② 在 K2 单元格中输入公式：＝AVERAGE(C2:I2)，按下【Enter】键或者单击"输入"按钮 ✓，完成计算。

③ 复制公式得到其他同学的平均成绩。

> **说明**：在公式中，对单元格区域的引用可以直接输入，也可以用鼠标选取，用鼠标直接选取得到的单元格区域的引用方式都是相对引用。

(3) 用"插入函数"法计算各门课程的最高分、最低分

求最大值的函数是 MAX，求最小值的函数是 MIN，所以分别用 MAX 和 MIN 函数来计算最高分和最低分。操作步骤如下：

① 选中保存语文成绩最高分的单元格 C20，单击"公式"组的"插入函数"按钮，打开"插入函数"对话框。

② 在"或选择类别"组合框中选择"统计"。

③ 在"选择函数"列表框中选定函数 MAX，并单击"确定"按钮，打开"函数参数"对话框。

> **说明**："选择函数"列表框中的函数按照英文字母顺序排列。

④ 设置参数 Number1 为"C2:C19"，并单击"确定"按钮。

此时，单元格中显示计算结果，编辑栏中出现公式"＝MAX(C2:C19)"。

⑤ 复制公式得到每门课程的最高分。

按照以上操作步骤，使用 MIN 函数求得各门课程的最低分。

(4) 用"插入函数"法计算各门课程等级为"优秀"的人数。

在"学生中考成绩"工作表中，语文、数学和英语三门课程满分为 120 分，105 分（含 105）以上为"优秀"；其余课程满分为 100 分，90 分（含 90）以上为"优秀"。该问题属于按条件计数，在 Excel 2010 中可用函数 COUNTIF 解决。

首先求"语文"考试的优秀人数，操作步骤如下：

① 选中保存计算结果的单元格 C22，打开"插入函数"对话框，并选择 COUNTIF 函数，单击"确定"按钮。

② 在打开的"函数参数"对话框中设置参数如图 3-42 所示，并单击"确定"按钮。

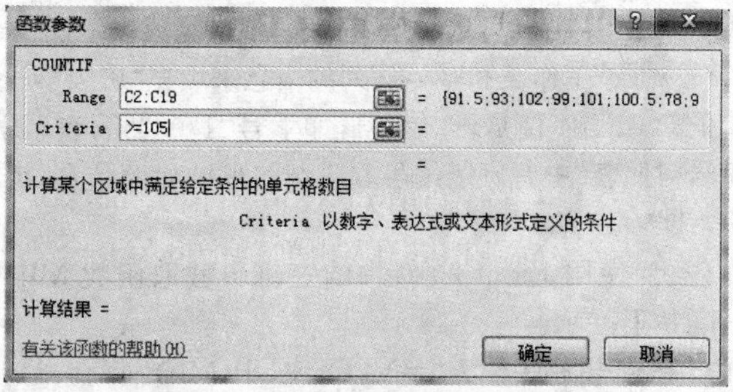

图 3-42　COUNTIF 函数参数对话框

此时，在单元格中出现计数结果，在编辑栏中出现公式：＝COUNTIF（C2：C19，"＞＝105"）。

> **说明**：如果想了解函数的详细用法，可以单击"函数参数"对话框中的"有关函数的帮助（H）"，打开"Excel 帮助"对话框了解详情。

③ 用上述方法，求得其他课程的等级为"优秀"的人数。

（5）格式化表格

① 选中单元格区域 J2：K21，单击"开始"选项卡"数字"组中的"减少小数位数"按钮，将总成绩和平均成绩两列的数据格式改为整数。

② 选中表格区域，单击"开始"选项卡"数字"组中的"套用表格格式"按钮，选择"表样式中等深浅 16"。

③ 单击"开始"选项卡 "编辑"组中的"排序和筛选"按钮，在下拉菜单中单击"筛选"命令，取消列标题行的筛选标记。

操作结果如图 3-43 所示。

	学号	姓名	语文	数学	英语	生物	地理	历史	政治	总成绩	平均成绩
4	170104	阎嘉璐	102	116	113	78	88	86	73	656	94
5	170301	章哲红	99	98	101	95	91	95	78	657	94
6	170306	宗磊	101	94	99	90	87	95	93	659	94
7	170206	杭宏	100.5	103	104	88	89	78	90	653	93
8	170302	李云梦	78	95	94	82	90	93	84	616	88
9	170204	于宝茜	95.5	92	96	84	95	91	92	646	92
10	170201	井柏全	93.5	107	96	100	93	92	93	675	96
11	170304	胡沈芳	95	97	102	93	95	92	88	662	95
12	170103	李琳	95	85	99	93	92	92	88	649	93
13	170105	刘汉	88	98	101	89	73	95	91	635	91
14	170202	富云国	86	107	89	88	92	88	89	639	91
15	170205	江滨	103.5	105	105	93	93	90	86	676	97
16	170102	汤穆	110	95	98	99	93	93	92	680	97
17	170303	李志	84	100	97	87	78	89	93	628	90
18	170101	张黎	97.5	106	108	98	99	99	96	704	101
19	170106	赵萍	90	111	116	72	95	93	95	672	96
20	最高分		110	116	116	100	99	99	96	704	101
21	最低分		78	85	89	72	73	73	73	616	88
22	优秀人数		1	6	4	9	12	12	10		

图 3-43　"学生中考成绩"工作表的制作结果

2."学生基本情况"工作表的完善制作

在"学生基本情况"工作表中,根据已有数据,运用相关函数,获取学生的班级、出生日期、性别、年龄和总分等信息,并根据总分,确定学生的排名和奖学金情况。

单击工作表标签"学生基本情况",选中该工作表,依次完成以下操作。

（1）根据"班级编号对照"工作表和"学号"列的信息来填充"班级"列

本题约定学号中的第3、第4位是班级编号,如学号"170305",表示学生所在班级编号是"03",而在"班级编号对照表"中有班级编号和班级名称的对照信息,由此可知,"03"号班级对应的班级名称是"钱学森班"。

要完成此项操作,需要使用 Excel 2010 中的字符串截取函数 MID 和垂直查找函数 VLOOKUP。操作步骤如下:

① 选中 D2 单元格,在编辑栏中输入"＝VLOOKUP(MID(A2,3,2),班级编号对照表!$A$2:$B$4,2,FALSE)"。

> 说明:① 在公式中,MID 函数用于截取班级编号,VLOOKUP 函数用于查找,即在班级编号对照表的$A$2:$B$4 单元格区域的第1列（A 列）查找 MID 函数获取的班级编号,找到后,返回第2列（B 列）的班级名称。
>
> ② 为了便于公式复制,MID 函数中使用了单元格相对引用,而 VLOOKUP 函数的"查找区域"使用了单元格绝对引用,以保证在公式复制时,查找区域保持不变,参数"FALSE"表示查找的时候要精确匹配。
>
> ③ 单击"插入函数"按钮,在弹出的对话框中选择 VLOOKUP 函数,然后在"函数参数"窗口中设置参数如图 3-44(a)所示,也可以完成此项操作。

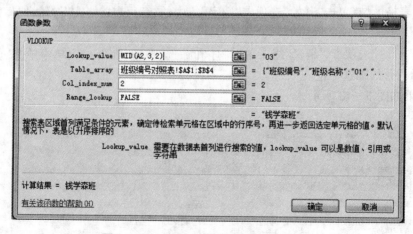

图 3-44(a)　VLOOKUP 函数参数对话框

② 按下【Enter】键或者单击"输入"按钮✓,得到该生的班级名称。

③ 复制公式得到其他同学的班级名称。

（2）根据身份证号,完善出生日期、性别和年龄信息

根据国家规定,我国居民的身份证号共有18位,其中:

第1～6位（6位数字）为地址码,代表身份证所有人的常住户口所在地。

第7～14位(8位数字)为出生日期码,表示出生年份(4位)、月份(2位)和日期(2位)。

第15～17位(3位)为数字顺序码,是为同一地区同年同月同日出生的人编写的顺序号,顺序码是奇数代表男性,是偶数代表女性,所以,身份证号的第17位可以用来判断性别。

第18位是校验码。校验码是按照特定公式计算出来的,如果是10就用X来代替。

在此项操作中需要使用MID、DATE、IF、DATEIF、TODAY、MOD等函数。

● 完善"出生日期"信息

操作步骤如下:

① 选中E2单元格。

② 在编辑栏中输入"＝DATE(MID(C2,7,4),MID(C2,11,2),MID(C2,13,2))",按下【Enter】键或者单击"输入"按钮☑,得到该生的出生日期。

③ 复制公式得到其他同学的出生日期。

> 说明:① DATE函数的功能是将文本型数据转换成相应的日期型数据,可以按要求显示成日期格式,也进行日期型数据的运算。
>
> ② 本题中,通过MID函数得到出生的年份、月份和日期,分别作为DATE函数的三个参数,求得对应的出生日期。

● 完善"性别"信息

身份证号中的第17位数表示性别,奇数为"男",偶数为"女",操作步骤如下:

① 选中F2单元格。

② 在公式栏中输入"＝IF(MOD(MID(C2,17,1),2)＝0,"女","男")",按下【Enter】键或者单击"输入"按钮☑,得到该生的性别信息;

> 说明:① 用MID函数截取身份证号中表示性别的第17位数。② 用MOD函数求得该数除以2的余数。③ 用IF函数来根据MOD函数的计算结果输出"男"或者"女"。

③ 复制公式得到其他同学的性别信息。

● 完善"年龄"信息

年龄用系统当前日期和出生日期之间的年份之差来表示,系统当前日期可由TODAY()函数来求,年份之差可由DATEDIF函数求得。操作步骤如下:

① 选中G2单元格。

② 在编辑栏中输入"＝DATEDIF(E2,TODAY(),"Y")",按下【Enter】键或者单击"输入"按钮☑,得到该生的年龄信息。

③ 复制公式得到其他同学的年龄信息。

> 说明:① DATEDIF函数返回两个日期之间的年数、月数或者天数,函数共有3个参数,本例中,参数"E2"表示起始日期,参数"TODAY()"表示结束日期,参数"Y"表示求年数之差。如果参数"Y"换成"M",表示求月份之差,换成"D",表示求天数之差。

(3) 完善"总分"信息

"总分"值取自"学生中考成绩"表中的"总成绩"列。操作步骤如下：

① 选中 H2 单元格，并在单元格中输入"＝"。

② 单击"学生中考成绩"工作表标签，在"学生中考成绩"工作表中选中单元格 J2。

③ 按下【Enter】键或者单击"输入"按钮✔，得到该生的总分。

④ 复制公式得到其他同学的总分信息。

说明：这样操作的好处是当"总成绩"发生变化时，"总分"值会随之改变，而使用选择性粘贴则不行。

(4) 根据总分，完善"名次"和"奖学金"信息

将总分从高到低排序，可以得到每个同学的名次，并且规定，排名第一的同学授予一等奖学金，排名第 2 和第 3 的同学授予二等奖学金，其他同学的奖学金信息为"无"。

这项操作需要用到的函数包括 RANK 和 IF，操作步骤如下：

● 完善"名次"信息

① 选中 I2 单元格，并在编辑栏中输入"＝RANK. EQ(H2,＄H＄2:＄H＄19,0)"。

② 按下【Enter】键或者单击"输入"按钮✔。得到该生的名次。

③ 复制公式得到其他同学的名次。

说明：① RANK 函数和 RANK. EQ 函数是按照美国方式进行排序的，如果有两个第 2 名时，它会认为没有第 3 名，而接着显示第 4 名。

② RANK. EQ 函数中的第 2 个参数用于指定参与排序的单元格区域，在复制公式时是不能改变的，所以用绝对引用方式。

③ RANK. EQ 函数中的第 3 个参数指定排序方式，可选，默认降序。因为此处是要降序排列，所以该参数值取 0 或者省略；如果要升序排列，参数值应该取 1。

● 完善"奖学金"信息

① 选中 J2 单元格，并在编辑栏中输入"＝IF(I2＜＝1,"一等奖",IF(I2＜＝3,"二等奖","无"))"。

② 按下【Enter】键或者单击"输入"按钮✔。得到该生的奖学金信息。

说明：IF 函数最多允许嵌套 64 层，每一层 IF 函数的结果都由"逻辑表达式"决定。本例中，IF 函数的执行过程是：首先判断名次是否小于等于 1，如果是，则输出"一等奖"，否则执行函数 IF(I2＜＝3,"二等奖","无")，即判断名次是否小于等于 3，如果是，输出"二等奖"，否则，输出"无"。

③ 复制公式得到其他同学的奖学金信息。

(5) 格式化表格

选中表格数据区域，套用一种表格格式，并取消列标题行的筛选标记。

操作结果如图 3-44(b)所示。

	A	B	C	D	E	F	G	H	I	J
1	学号	姓名	身份证号	班级	出生日期	性别	年龄	总分	名次	奖学金
2	170305	萧宇航	342222200002017870	钱学森班	2000/2/1	男	18	629	15	无
3	170203	李杰	530102200105293520	周有光班	2001/5/29	女	17	621	17	无
4	170104	阎嘉璐	512323200201160018	华罗庚班	2002/1/16	男	16	656	9	无
5	170301	章哲红	342222200002017870	钱学森班	2000/2/1	男	18	657	8	无
6	170306	宗菽	650102200205303520	钱学森班	2002/5/30	女	16	659	7	无
7	170206	杭宏	512323200201160018	周有光班	2002/1/16	男	16	652.5	10	无
8	170302	李云梦	342222200102017870	钱学森班	2001/2/1	男	17	616	18	无
9	170204	于宝茜	110102200205293520	周有光班	2002/5/29	女	16	645.5	12	无
10	170201	井柏全	512323200204150018	周有光班	2002/4/15	男	16	674.5	4	无
11	170304	胡沈芳	342222200112017870	钱学森班	2001/12/1	男	16	662	6	无
12	170103	李琳	650102200202213520	华罗庚班	2002/2/21	女	16	649	11	无
13	170105	刘汉	512323200011160018	华罗庚班	2000/11/16	男	17	635	14	无
14	170202	雷云国	342222200111117870	周有光班	2001/11/11	男	16	639	13	无
15	170205	江流	650102200205293520	周有光班	2002/5/29	女	16	675.5	3	二等奖
16	170102	汤穆	512323200109160018	华罗庚班	2001/9/16	男	16	680	2	二等奖
17	170303	李志	342222200110017870	钱学森班	2001/10/1	男	16	628	16	无
18	170101	张毅	650102200106293520	华罗庚班	2001/6/29	女	17	703.5	1	一等奖
19	170106	赵萍	320423200110060018	华罗庚班	2001/10/6	男	16	672	5	无

图 3-44(b)　"学生基本情况"表的制作结果

3. "成绩情况统计"工作表的完善制作

在"成绩情况统计"工作表中,要求运用相关函数,进行较为复杂统计运算,完成一份统计报告。

单击工作表标签"成绩情况统计",选中该工作表,依次完成以下操作。

(1) 根据"学生基本情况"表,统计总分介于 650～700 之间的人数

本题中的计数要同时满足两个条件,即总分＞＝650 和总分＜＝700,所以选用 COUNTIFS 函数。操作步骤如下:

① 选中 B3 单元格,单击"公式"组中的"插入函数"按钮。

② 在打开的"插入函数"对话框中,选择函数 COUNTIFS,单击"确定"按钮,打开"函数参数"对话框。

③ 在"函数参数"对话框中设置参数如图 3-45 所示,并单击"确定"按钮,求得人数。

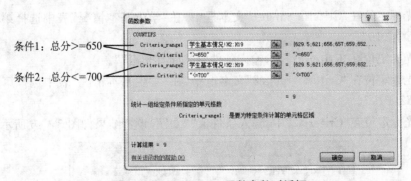

图 3-45　COUNTIFS 函数参数对话框

此时,在编辑栏中显示公式:＝COUNTIFS(学生基本情况!H2:H19,"＞＝650",学生基本情况!H2:H19,"＜＝700")。

说明:① COUNTIFS 函数用于多条件计数,多个条件必须同时满足。

② COUNTIFS 函数的参数总是成对出现,每对参数由一个单元格区域和一个条件表达式组成,当只有一对参数时,功能等同于 COUNTIF。

④ 写出统计总分介于 650—700 之间的女生人数的公式。

(2) 根据"学生基本情况"工作表,求"华罗庚班"总成绩的平均值

本题要求对"总成绩"求均值,但是有一个条件,即班级是"华罗庚班",所以选用 AVERAGEIF 函数。操作步骤如下:

① 选择 B4 单元格。

② 在编辑栏中输入公式"＝AVERAGEIF(学生基本情况! D2:D19,"华罗庚班",学生基本情况! H2:H19)"。

③ 按下【Enter】键或者单击"输入"按钮☑,得到总成绩的平均值。

> 说明:① AVERAGEIF 函数用于对符合单个条件的单元格求平均值。
>
> ② AVERAGEIF 函数中的第 1 个和第 2 个参数必选,用于指定条件,第 3 个参数可选,用于指定求均值的单元格区域。当该参数缺省时,则对第 1 个参数中指定的单元格区域求均值。所以,本题中函数的功能是:找出"学生基本情况"工作表的"班级"一列中值为"华罗庚班"的单元格,并求其所在行"总分"列的平均值。

(3) 根据"学生基本情况"工作表,求"周有光班"女生的总成绩之和

对于条件求和问题,如果只有一个条件,可以用 SUMIF 函数,其用法和 AVERAGEIF 函数类似;如果有多个条件,可以使用 SUMIFS 函数。

本题中有两个条件,一是限定"班级"是"周有光班",二是限定"性别"是"女",所以本题使用 SUMIFS 函数。操作步骤如下:

① 选择 B5 单元格,在单元格中输入"＝SUMIFS(",然后单击"公式"选项卡中的"插入函数"按钮,快速打开 SUMIFS 函数参数对话框。

② 将光标定位在"Sum_range"文本框中,选择"学生基本情况"工作表中用于求和的单元格区域 H2:H19。

③ 将光标定位在"Criteria_range1"文本框中,在"学生基本情况"表中选择第一个条件判断区域"D2:D19";

④ 将光标定位在"Criteria1"中,输入条件值""周有光班""。

⑤ 将光标定位在"Criteria_range2"文本框中,在"学生基本情况"表中选择第二个条件判断区域"F2:F19"。

⑥ 将光标定位在"Criteria2"中,输入条件值""女"",设置结果如图 3-46 所示。

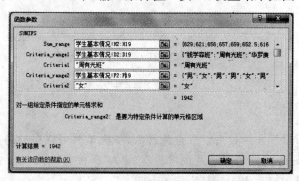

图 3-46 SUMIFS 函数参数对话框

⑦ 单击"确定"按钮,得到计算结果。

观察编辑栏,其中公式为:＝SUMIFS(学生基本情况! H2:H19,学生基本情况! D2:D19,"周有光班",学生基本情况! F2:F19,"女")。

说明:① SUMIFS 函数的第 1 个参数"学生基本情况! H2:H19"是用于求和的单元格区域,其余参数用于表示条件,一般成对出现。

② "周有光班"和"女"是文本型数据,所以要加引号。

③ 在引用不同表中的单元格区域时,直接选取比输入更加方便。

(4)根据"学生基本情况"表,求 2001 年出生的男生的平均总分

在 Excel 中,对满足条件的单元格求均值有两个函数,即 AVERAGEIF 函数和 AVERAGEIFS 函数,分别用来解决单一条件求均值和多条件求均值的问题。本题中的条件有两个,其一是"2001 年出生",其二是性别为"男",因此选用 AVERAGEIFS 函数。

提示:"2001 年出生",即出生日期必须同时满足两个条件:出生日期>＝2001/1/1 和出生日期<＝2001/12/31。

AVERAGEIFS 函数和 SUMIFS 函数用法相同,参照上题的操作步骤,计算 2001 年出生的男生的平均总分,并将计算结果保存在"成绩情况统计"表的 B6 单元格中。

(5)根据"学生中考成绩"工作表,求"03"号班级的语文总分

本题属于条件求和,而且只有一个条件,即班级编号是"03"。但表中并没有"班级编号"列,所以无法使用 SUMIF 函数。对于此类求和问题,常使用积和函数 SUMPROCDUCT。

SUMPROCDUCT 函数的参数是若干个数组,其功能是对数组的对应元素之积求和,因此可以把求和需要满足的条件写成值为 TRUE 或者 FALSE 的逻辑表达式,利用 TRUE＊1＝1 和 FALSE＊1＝0 的特性,将所有表示条件的数组转化为由 0 和 1 组成的数组,此时数组的对应元素之积的和就是符合条件的元素之和。

按照约定,学号的第 3 和第 4 位为班级编号,则求"03"号班级的语文总分的公式为"＝SUMPRODUCT((MID(学生中考成绩! $A$2:$A$19,3,2)＝"03")＊1,(学生中考成绩! C2:C19))"

在上述公式中,参数"MID(学生中考成绩! $A$2:$A$19,3,2)＝"03""表示用 MID 函数截取学号,求得每个学生的班级编号,并和"03"进行等值比较。如果相等,表达式值为 TRUE,否则为 FALSE。因此,根据 TRUE＊1＝1 和 FALSE＊1＝0,上述表达式乘以 1 后,将得到一个由 0 和 1 组成的数组,班级编号是"03"的数组元素值为 1,其余为 0。参数"学生中考成绩! C2:C19"表示由语文成绩组成的数组。而 SUMPRODUCT 函数用于求这两个数组的对应元素乘积之和,即为"03"班的语文总分。

选择"成绩情况统计"工作表的 B7 单元格,输入上述公式,得到计算结果。

(6)根据"学生中考成绩"工作表,求"03"号班级"李"姓同学的数学总分

本例中,求和条件有两个,其一,班级编号是"03",其二,"李"姓同学。同上题,表中没有班级编号和表示姓氏的列,所以,使用 SUMPROCDUCT 函数进行求和计算。公式如下:

＝SUMPRODUCT((MID(学生中考成绩! $A$2:$A$19,3,2)＝"03")＊1,

(LEFT(学生中考成绩！＄B＄2：＄B＄19,1)＝"李"）＊1,（学生中考成绩！D2：D19))

> **说明**：同上题,参数"(MID(学生中考成绩！＄A＄2：＄A＄19,3,2)＝"03")＊1",
> 是一个由0和1组成的数组,若班级编号为"03",对应元素值为1,否则为0。
>
> LEFT函数用于从文本字符串的左侧开始截取指定长度的字符,本题中的LEFT
> 函数从"姓名"列截取其第一个字符,即学生的姓氏。所以,参数"LEFT(学生中考成绩！
> ＄B＄2：＄B＄19,1)＝"李")＊1",也是一个由0和1组成的数组,姓"李"的对应元素值
> 为1,否则为0。
>
> 参数"学生中考成绩！D2：D19",是由学生的数学成绩组成的数组。
>
> SUMPRODUCT函数用于求三个数组的对应元素的乘积之和,即可得到班级编号
> 是"03"且姓氏为"李"的同学的数学成绩之和。

选择"成绩情况统计"表的B8单元格,输入公式并计算。

(6) 表格的格式化

① 将表格标题居中放置,并设置字体为"微软雅黑",字号为"16";

② 将表格列标题的字体也设置为"微软雅黑";

③ 调整A列宽为自动宽度,B列宽度为19;

④ 调整各行行高为25,并设置所有单元格上下居中、左右居中。

⑤ 选中表格内容区域,套用表格格式为"表样式中等深浅2";

⑥ 将"结果"列数据的小数点位数设置为0。

效果如图3-47所示。

	A	B
1	统计报告	
2	统计项目	结果
3	总分介于650-700之间的人数	9
4	华罗庚班的总成绩的平均值	666
5	周有光班的女生总成绩之和	1942
6	2001年出生的男生的总成绩的平均值	650
7	"03"号班级的语文总分	548
8	"03"号班级"李"姓同学的数学总分	195

图3-47 "成绩情况统计"表的制作结果

(7) 保存文件。

四、实战练习和提高

打开工作簿文件"项目2练习_原始材料.xlsx",将其另存为"项目2练习.xlsx",在此文
件中,按以下步骤完成对某公司的产品销售情况及销售人员信息统计和完善。操作结果可
参看PDF文档"项目2练习_样张"。

1. 参照"产品基本信息表",采用直接输入公式或者设置"函数参数"对话框的方法,分

别在"一季度销售情况表"、"二季度销售情况表"中填入各型号产品对应的单价,并保留 2 位小数,使用千位分隔符。

> **提示**:采用 VLOOKUP 函数。以"一季度销售统计表"中的 E2 单元格为例,查找依据是产品型号,即 B2,查找区域是"产品基本信息表"中的 F2:G21,返回值是该区域中的第 2 列,精确查找。
>
> **注意**:① 通过复制公式可以得到各型号产品对应的单价,但是查找区域对于各型号产品都是不变的,所以,在公式中,查找区域应采用绝对引用方式。
>
> ② 用填充柄复制公式时,通过单击智能标记▦,打开"自动填充选项"快捷菜单,选择"不带格式填充",可以保持单元格原来的格式。

2. 在"一季度销售情况表"、"二季度销售情况表"中计算销售额(销售额＝单价＊销售数量),要求保留 2 位小数,使用千位分隔符。

3. 在"产品销售汇总表"中,按照产品型号统计产品一季度、二季度的销量和销售额,要求"销售额"列小数位数为 0,并使用千位分隔符。

> **提示**:以求"一季度销量"为例,根据当前的产品型号,在"一季度销售情况表"中,对该产品型号对应的"销售量"单元格求和,属于条件求和,而且只有一个条件,所以选用 SUMIF 函数。选中单元格 C2,输入公式"＝SUMIF(一季度销售情况表! $B$2:$B$44,B2,一季度销售情况表! $D$2:$D$44)",求得型号为"P—01"的产品的一季度销量;然后,通过公式复制得到其他型号产品的一季度销量
>
> 同理,可求得各型号产品的二季度销量以及一、二季度的销售额。
>
> **注意**:只有选择合适的地址引用方式,才能在复制公式时得到正确的结果。

4. 在"产品销售汇总表"中,根据一季度和二季度的销量和销售额,求出一二季度的销售总量和销售总额。

5. 在"产品销售汇总表"中,根据总销售额从高到低进行排名,并把排名结果填入"总销售额排名"列。要求将排名在前 3 位和后 3 位的产品名次分别采用"红色,加粗倾斜"和"蓝色,加粗倾斜"的格式标出。

> **提示**:① 排名可用 RANK 函数实现。② 对"总销售额排名"的格式设置,可以单击"条件格式"按钮,在下拉菜单中选择"项目选取规则|值最大的 10 项"来设置排名在后三位的单元格格式,然后重复上述操作,选择"值最小的 10 项"来设置排名在前三位的单元格格式。

图 3-48 是制作完成的"产品销售汇总表"中的部分数据。

6. 在"销售人员基本情况表"中,根据身份证号求出出生日期、性别、年龄信息,并填入相关列中,要求将"出生日期"列的格式设置为"年/月/日"。

7. 在"销售人员基本情况表"中,根据入职时间求得工龄信息,填入"工龄"列。工龄的计算方法和年龄类似,是系统当前日期和入职时间之间的年份之差。

	A	B	C	D	E	F	G	H	I
1	产品类别代码	产品型号	一季度销量	一季度销售额	二季度销量	二季度销售额	一二季度销售总量	一二季度销售总额	总销售额排名
2	A1	P-01	508	840,232.00	428	707,912.00	936	1,548,144.00	3
3	A1	P-02	570	448,020.00	383	301,038.00	953	749,058.00	8
4	A1	P-03	378	1,642,410.00	411	1,785,795.00	789	3,428,205.00	1
5	A1	P-04	166	355,738.00	186	398,598.00	352	754,336.00	7
6	A1	P-05	437	371,013.00	254	215,646.00	691	586,659.00	11
7	B3	T-01	577	357,163.00	116	71,804.00	693	428,967.00	15
8	B3	T-02	488	291,824.00	309	184,782.00	797	476,606.00	14
9	B3	T-03	101	93,728.00	553	513,184.00	654	606,912.00	10
10	B3	T-04	373	286,837.00	667	512,923.00	1040	799,760.00	6

图 3-48 "产品销售汇总表"中的部分数据

提示:函数选用可参照本项目中"操作指导|学生情况表的完善制作|(2)根据身份证号,完善出生日期、性别和年龄信息"中的内容。

8. 在"销售人员基本情况表"中,"工号"中的第3位代表部门编号,要求根据"工号"和"部门信息表"求得所在部门名称,并填入"部门"列。

9. 保存文件。

项目三 销售统计图表的制作

【微信扫码】
Excel 项目 3 资源

一、内容描述和分析

1. 内容描述

本项目的任务是制作完成某公司的产品销量统计表和销售情况分析表,要求运用所学知识完成数据计算以及表格的美化,并且根据不同要求,选用合适的图表类型,形象展示数据的变化规律和特征,使销售现状和变化趋势一目了然,为决策工作提供依据。

2. 涉及知识点

本项目除涉及数据录入、函数和公式、格式设置等前期已经介绍过的知识点外,还涉及图表的插入和编辑、迷你图,以及图片、艺术字在 Excel 中的应用等知识。

3. 注意点

Excel 提供了 11 种常用图形及其子类型,不同图形用法不同,在选用图形时一定要结合制作图表的目的。

二、相关知识和技能

1. 图表类型

Excel 2010 中的图表按照插入的位置,可以分为内嵌图表和工作表图表,前者一般与数据源一起出现,后者则与数据源分离,单独占用一张工作表。按照图表形状来分,有柱形图、饼图等11大类,不同图形用法不同。表3-1中列出了部分类型的用法。

表3-1　Excel 中的图表类型以及常规用法

图表类型	常规用法
柱形图	用于对各系列数据进行直观比较,通常,横坐标表示类型,纵坐标表示数值
条形图	用法与柱形图类似,只是横坐标表示数值,纵坐标表示类型
折线图	用于直观描述在相等时间间隔下,数据系列的变化趋势
面积图	用面积来表示数值的大小,可以表示一个数据系列的变化幅度,也可以显示部分与整体的关系
饼图	用于描述一个数据系列中的每一个数据的占比情况
散点图	用于衡量两变量之间的关系,也常用于矩阵关联分析
股价图	用于显示股价的波动,也用于表示其他科学数据

2. 图表的组成

如图3-49所示,一张图表主要由以下部分组成。

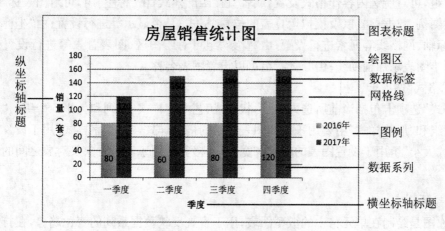

图3-49　Excel 图表的组成

图表标题:描述图表名称,一般位于图表顶端,可以省略。

坐标轴与坐标轴标题:坐标轴分成横坐标轴和纵坐标轴,坐标轴标题是对坐标轴的说明性文本。

图例:标识图标中各数据系列的颜色和名称。

绘图区:以坐标轴为界的区域,包括数据系列、分类名称、刻度、网格线和坐标轴标题等。

数据系列:一个数据系列对应表中的一行或一列数据,用同种颜色或者图案表示,与图例一致。

网格线:从坐标轴延伸出来并贯穿整个绘图区的线条系列,可以省略。

数据标签:标识数据系列中数据的详细信息,源于数据表中的值。

3. 图表的一般操作

(1) 创建图表

创建图表　般通过"插入"选项卡的"图表"组来完成,创建时可以选择图表类型,具体步骤如下：

① 选择需要创建图表的单元格区域。

② 在"插入"选项卡的"图表"组中选择一种图表类型，然后在其下拉列表中选择该类型的子类型。

说明：单击"图表"组的扩展按钮，可打开"插入图表"对话框选择图表类型。

（2）编辑图表

在 Excel 2010 中选择图表后，会出现和图表操作相关的三个选项卡：设计、布局和格式，图表的编辑可以通过这三个选项卡中的各个组完成。

● "设计"选项卡

"设计"选项卡包括类型、数据、图表布局、图表样式和位置等组，分别完成图表类型修改、数据的重新选择、图表中各元素的重新布局以及应用图表样式、改变图表位置等任务。

● "布局"选项卡

"布局"选项卡包括当前所选内容、插入、标签、坐标轴、背景、分析、属性等组，由"当前所选内容"组，可对所选内容作格式设置，或者直接匹配样式；由"标签"组，可对图表标题、坐标轴标题、图例、数据标签以及模拟运算表的位置、格式、是否显示等进行设置；由"坐标轴"组，可对坐标轴、网格线等元素进行设置；由"背景"组可对绘图区、图表背景等进行设置；由"分析"组可给图表添加辅助线；由"属性"组可以设置图表名称。

● "格式"选项卡

"格式"选项卡包括当前所选内容、形状样式、艺术字样式、排列和大小 5 个组。"当前所选内容"组和"形状样式"主要用于更改图表元素的格式样式，"艺术字样式"用于设置艺术字的样式，"大小"组用于设置图表的长度和宽度，"排列"组用于调整对象及对象之间的位置关系等。

4. 迷你图

迷你图是绘制在单元格中的微型图表，用于直观反映数据系列的变化趋势，在打印工作表时，迷你图会与数据一起打印。Excel 2010 提供了三种形式的迷你图，即折线迷你图、列迷你图和盈亏迷你图。

（1）创建迷你图

创建迷你图的步骤如下：

① 选中要存放迷你图的单元格。

② 在"插入"选项卡的"迷你图"组中选择需要的迷你图形式，打开"创建迷你图"对话框，设置数据范围和位置范围，单击"确定"按钮。

（2）改变迷你图类型

选中已经创建的迷你图，通过"迷你图工具|设计"选项卡中的相关组可以更改迷你图的数据源、类型、样式等。

（3）突出显示数据点

由"迷你图工具|设计"选项卡的"显示"组可突出显示数据中的最大值和最小值、首点、尾点、负值以及每一个数据。

三、操作指导

1. 销量统计表的制作

销量统计表的基础数据是每个分公司各季度的产品销售数量。要求根据这些数据汇总各分公司的年度销量和公司的总销量，并求出各个季度销量的占比情况；同时，插入合适的图表以形象地展现表中的数据。例如，选用柱形图比较每个分公司各季度的销售情况，选用折线图展示各分公司在一年中的销量变化，选用饼图展示每个季度的销量在总销量中的占比情况。

下载压缩文件"Excel 项目 3 资源"并解压缩。打开其中的工作簿文件"销售数据统计分析表_原始材料"，另存为文件"销售数据统计分析表"，然后对该工作簿文件做如下操作。操作中注意及时保存，操作结果可参看 PDF 文档"销售数据统计分析表_样张.pdf"。

（1）选择工作表 Sheet1，输入表格列标题并设置格式

表格列标题及格式设置效果如图 3-50 所示，具体操作步骤如下：

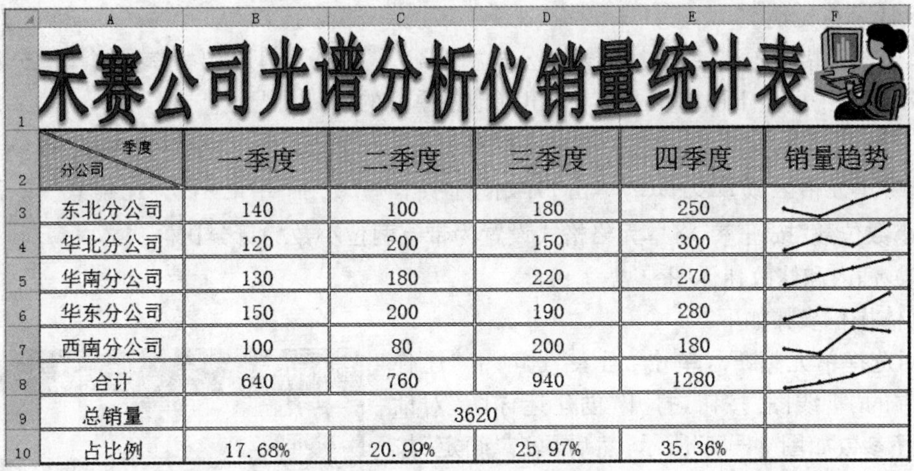

图 3-50 禾赛公司光谱分析仪销量统计表

① 选择单元格 A2，单击"开始"选项卡的"格式"按钮，在弹出的下拉菜单中选择"行高"菜单命令，打开"行高"对话框，输入行高 43.5；同样，打开"列宽"对话框，设置列宽为 17.75。

② 单击"开始"选项卡中"字体"组的对话框启动器，打开"设置单元格格式"对话框，选择"边框"选项卡；在"边框"选项卡中选择线条样式为"细实线"，单击"斜线"按钮，绘制斜线。

> **说明**：单击"插入"选项卡中"插图"组的"形状"按钮，选择"直线"，也可以绘制斜线。

③ 在"插入"选项卡的"文本"组中单击"文本框"按钮，在单元格 A2 中的斜线上方插入文本框，并输入"季度"。

④ 选定"季度"文本框，在"开始"选项卡"字体"组中设置字体为"宋体，16 号"；在"绘图

工具|格式"选项卡的"形状样式"组中单击"形状填充"按钮,在下拉列表中选择"无填充颜色",单击"形状轮廓"按钮,在下拉列表中选择"无轮廓"。

⑤ 在单元格 A2 中的斜线下方插入文本框,并输入"分公司",设置文本框格式同④。

⑥ 设置其他列标题格式为"宋体、20 号,水平居中、垂直居中"。

⑦ 选中 B~F 列,设置列宽为 17.75。

(2) 数据单元格区域的格式设置

选择单元格区域 A3:E10,设置行高为 25.5,单元格格式为"宋体、16 号、水平居中"。

(3) 计算总销量以及每个季度的销量合计及占比情况

● 计算合计

选择单元格区域 B3:B8,单击"公式"选项卡"函数库"组中的"自动求和"按钮 Σ,计算出一季度的销量合计。用同样的方法计算二季度、三季度和四季度的销量合计。

● 计算总销量

双击单元格 B9,在单元格中输入公式"=SUM(B8:E8)",并按下回车键【Enter】,得到年度总销量;选中单元格区域 B9:E9,单击"合并后居中"按钮,合并单元格。

● 计算占比情况

单击单元格 B10,在编辑栏中输入公式"= B8/＄B＄9",计算出一季度销量占全年的比例;拖动填充手柄至 E10 单元格,计算出其他各季度的占比情况。

● 格式设置

选中单元格区域 B10:E10,单击"开始"选项卡中"数字"组的"百分比样式"按钮 ％‰ 和"增加小数位数"按钮 ％ ,将单元格格式设置为带有两位小数的百分比样式。

(4) 插入和修改迷你图

具体操作步骤如下:

① 选择单元格 F3,单击"插入"选项卡"迷你图"组中的"折线图"按钮,打开"创建迷你图"对话框,设置参数如图 3 - 51 所示,然后单击"确定"按钮,完成迷你图的插入。

② 单击"迷你图工具|设计"选项卡,选中"标记"复选框,单击"迷你图颜色"按钮,设置迷你图颜色为"黑色",粗细为"1.5 磅",单击"标记颜色"按钮,设置"高点"为"红色","低点"为"深蓝色"。

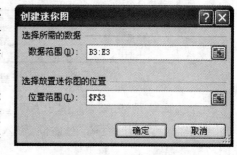

图 3 - 51 "创建迷你图"对话框

③ 选中 F3 单元格,拖动填充柄至 F8,在其他单元格中也插入迷你图。

> 说明:选中单元格,然后单击"迷你图工具|设计"选项卡,在"分组"组中单击"清除"按钮 清除 ,可以删除其中的迷你图。

(5) 设置表格的底纹和边框

操作步骤如下:

① 选中单元格区域 A2:F2,打开"设置单元格格式"对话框,选择"填充"选项卡,单击"图案颜色"列表框,在下拉列表中选择"红色,强调文字颜色 2,淡色 60％";单击"图案样式"

列表框,在下拉列表中选择"75％,灰色";单击"确定"按钮,关闭对话框。

② 选中表格区域 A2:F10,在"开始"选项卡的"字体"组中单击"边框"按钮,在下拉列表中选择"其他边框",打开"设置单元格格式"对话框的"边框"选项卡,设置外框线为"粗实线、深蓝",内框线为"双线、蓝色"。

③ 单击"确定"按钮,关闭"设置单元格格式"对话框。

(6) 插入艺术字

操作步骤如下:

① 设置第 1 行行高为 76.5。

② 单击"插入"选项卡"文本"组中的"艺术字"按钮,在打开的"艺术字样式"列表中选择任意样式,出现"请在此放置您的文字"的艺术字编辑框。

③ 删除原有文字,输入"禾赛公司光谱分析仪销量统计表"。

④ 选中艺术字编辑框,在"艺术字样式"组中设置"文本填充——蓝色,文本轮廓——黑色,文本效果——阴影(向下偏移),转换(弯曲,双波形 2)"。

⑤ 将艺术字移至第 1 行,靠左放置,并参照图 3-50 调整艺术字区域。

(7) 插入图片

在"插入"选项卡的"插图"组中单击"剪贴画"按钮,打开"剪贴画"任务窗格,任意选择一图片,并调整至合适大小,放置在插入的艺术字右侧,如图 3-50 所示。

(8) 制作簇状柱形图展示每个季度中各公司的销量

制作簇状柱形图分成两步,首先创建图表,然后美化图表。

● 创建图表

操作步骤如下:

① 选择数据单元格区域 A2:E7。

② 在"插入"选项卡的"图表"组中,单击"柱形图"按钮,在"三维柱形图"组中选择"三维簇状柱形图"。此时,在工作表中生成相应的三维簇状柱形图,同时,功能区"图表工具|设计"选项卡被激活。

③ 单击"数据"组的"切换行/列"按钮,比较四个季度中各分公司的销量。

④ 将光标移至图表区,当光标变成✛时,按下鼠标左键,拖动图表到数据区域下方;将光标移至图表区右下角的控制点上,当光标变成↘时,按住鼠标左键向右下方拖动,完成图表大小的设置。

● 美化图表

操作步骤如下:

① 在"图表工具|设计"选项卡中,单击"图表布局"组中的"布局 9"按钮,此时,图表区中新增 1 个"图表标题"区域和 2 个"坐标轴标题"区域。

说明:使用"图表工具|设计"选项卡中的"标签"、"坐标轴"和"背景"组可以对图表的各个部分分别进行详细设置;使用"当前所选内容"组,可以对当前选中的对象进行详细设置。

② 选定"图表标题"区域,在其中输入"光谱分析仪销量统计图",设置标题格式为"隶书、24号、红色、加粗";选定垂直轴左侧的"坐标轴标题"区域,输入"销量",单击"开始"选项卡中"对齐方式"组的"方向"按钮 ,选择"竖排文字"菜单命令,将垂直轴标题设置为竖排文字,并设置格式为"楷体、20号、加粗、深蓝";选定水平轴下方的"坐标轴标题"区域,输入"季度",格式设置与垂直轴标题相同。

③ 选定"图表"区域,单击"图表工具|格式"选项卡,在"形状"组中单击"形状轮廓"按钮,设置形状轮廓为"2.25磅,实线";单击"形状效果"按钮,设置形状效果为"阴影、外部、向右偏移"。制作结果如图3-52所示,该图体现出每个季度中各分公司的销量大小。

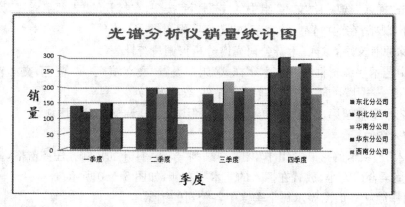

图3-52　光谱分析仪销量统计柱形图

(9) 制作折线图展示各分公司的年度销量变化

折线图可以在三维簇状柱形图的基础上制作,具体操作步骤如下:

① 选择图表区,在该图表区的下方复制得到一张新的图表。

② 选中新图表,单击"图表工具|设计"选项卡,在"类型"组中单击"更改图表类型"按钮,打开"更改图表类型"对话框,如图3-53所示,选择"折线图",单击"确定"按钮,图表变成折线图样式,每根折线代表一个分公司在一年中的销量变化。

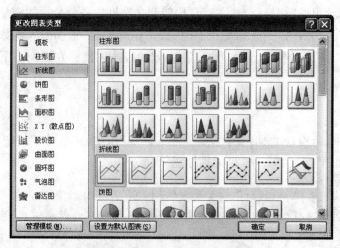

图3-53　"更改图表类型"对话框

③ 单击"图表工具|布局"选项卡"背景"组中的"绘图区"按钮,在弹出的下拉菜单中单

击"其他绘图区"命令,打开"设置绘图区格式"对话框,选择"图片或纹理填充",单击"纹理"按钮，打开"纹理样式"列表,选择"再生纸",如图 3 - 54 所示。

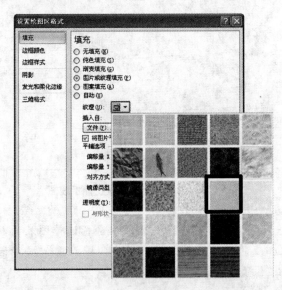

图 3 - 54 "设置绘图区"格式对话框框

④ 在"图表工具|布局"选项卡的"当前所选内容"组中,单击列表框的下拉箭头,选择"图表区",此时,"设置绘图区格式"对话框转换成"设置图表区格式"对话框。如图 3 - 55 所示,单击"边框样式"按钮,选中"圆角"复选框,效果如图 3 - 56 所示。

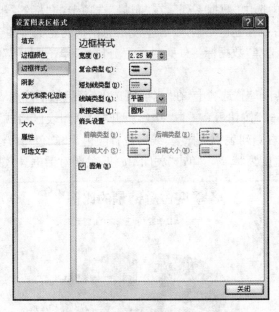

图 3 - 55 "设置图表区格式"对话框

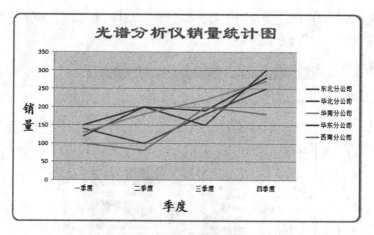

图 3‑56　光谱分析仪销量统计折线图

> **说明**：在打开某一设置格式对话框时，如果用鼠标选择图表的其他部分，设置格式对话框的内容会发生相应的变化。如上例中，选中"图表区"后，对话框将从"设置绘图区格式"对话框转换成"设置图表区格式"对话框。

（10）制作饼图展示每个季度的销量在年度总销量中的占比情况

制作饼图的操作步骤如下：

① 选取单元格区域 B2：E2，按住【Ctrl】键，再选取单元格区域 B10：E10。

② 单击"插入"选项卡，在"图表"组中选择"分离型三维饼图"。

③ 在生成的图表中选中"数据系列"，在"布局"选项卡的"标签"组中，单击"图表标题"按钮，选择"图表上方"；在标题区中输入"各季度占总销量的比例"，并合理设置字体和字号；单击"数据标签"按钮，选择"数据标签外"，显示百分比值；单击"图例"按钮，选择"在顶部显示图例"。

④ 单击"图表工具│布局"选项卡，在"当前所选内容"组的下拉列表框中选择"图表区"，单击"设置所选内容格式"按钮 ⚙ 设置所选内容格式，打开"设置图表区格式"对话框，在左侧列表中选择"边框颜色"，在右侧列表中选择"实线"，设置颜色为"红色"；继续左侧列表中选择"边框样式"，设置边框线宽度为"2 磅"，单击"关闭"按钮，关闭对话框。效果如图 3‑57 所示。

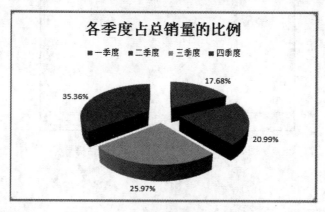

图 3‑57　光谱分析仪销量统计饼图

（11）更改工作表 Sheet1 的标签为"销量统计表"，并单击"保存"按钮。

2. 制作销售数据分析表

销售数据分析表中的基础数据是 2013 年～2017 年间每年的产品销量，及其在国内市场和国际市场销量的占比值，要求在一张图表展示销量和国内外占比情况的变化趋势。

为了更好展现数据和数据之间的关系，本例对不同的数据系列采用不同的图表类型，"销量"用柱形图表示，"国内市场占比"和"国际市场占比"用折线图表示；此外，由于"销量"和"国内市场占比"、"国际市场占比"之间的数值差距巨大，无法在一个坐标系中描述，因此在图表中引入次坐标轴。

在工作簿文件"销售数据统计分析表. xlsx"中，选择工作表 Sheet2，按序完成以下操作。

（1）输入表格标题并格式化表格

格式化之后的效果如图 3－58 所示，具体操作步骤如下：

	A	B	C	D
1			2013～2017销售数据分析表	
2	年份	销量（台）	国内市场占比（%）	国际市场占比（%）
3	2013年	890	22	5.6
4	2014年	1255	31.5	6.5
5	2015年	1668	35.2	7.3
6	2016年	2630	42.3	10.2
7	2017年	3620	51.6	13.5

图 3－58　2013～2017 销售数据分析表

① 在 A1 单元格中输入表格标题"2013～2017 销售数据分析表"。

② 选中单元格区域 A1:D1，在"开始"选项卡的"对齐方式"组中，选择"合并后居中"，使表格标题居中放置。

③ 选中单元格区域 A2:D7，单击"表格|设计"选项卡中的"套用表格格式"按钮，选择"表样式浅色 9"。

④ 单击"编辑"组中的"排序和筛选"按钮，在下拉列表中选择"筛选"，取消表格中的筛选标记。

⑤ 选中表格区域 A1:D7，单击"单元格"组中的"格式"按钮，在下拉列表中选择"行高"，并在打开的"行高"对话框中设置行高为 15。

⑥ 单击"对齐方式"组中"居中"按钮，使表格中的文字或数字均居中放置。

（2）绘制图表

绘制图表的操作步骤如下：

① 选中表格区域 A2:D7。

② 在"插入"选项卡"图表"组中单击"柱形图"按钮，选择"二维簇状柱形图"，并单击"确定"按钮，结果如图 3－59 所示。

（3）给图表添加次坐标轴

添加次坐标轴的操作步骤如下：

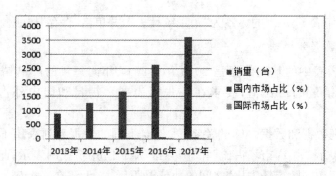

图 3 - 59   2013～2017 销售数据分析柱形图

① 单击图 3 - 59 中的"图例"区,选择"国内市场占比(%)"项,右击鼠标,在打开的快捷菜单中单击"设置数据系列格式",打开"设置数据系列格式"对话框,如图 3 - 60 所示,设置"系列绘制在"选项为"次坐标轴",单击"关闭"按钮。

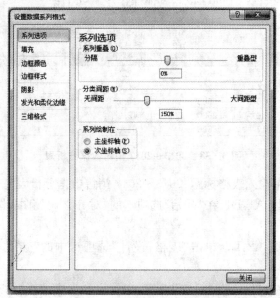

图 3 - 60   "设置数据系列格式"对话框

此时,图表中添加了最大值为 60 的次坐标轴。

② 选中"图例"区的"国际市场占比(%)"项,按步骤① 同样设置"系列绘制在"选项为"次坐标轴"。结果如图 3 - 61 所示。

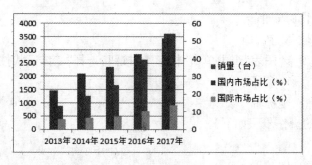

图 3 - 61   添加次坐标轴后的 2013～2017 销售数据分析柱形图

（4）优化图表

优化图表的操作步骤如下：

① 选择图表中"国内市场占比（％）"数据系列，单击"图表|设计"选项卡中的"更改图表类型"按钮，打开"更改图表类型"对话框，选择"折线图"，并单击"确定"按钮，将原来的柱形图改为折线图。

② 单击"图表|布局"选项卡中"标签"组中的"数据标签"按钮，选择"上方"，在折线图上添加数据值。

③ 用同样的方法，将"国际市场占比（％）"数据系列对应的柱形图也改为折线图并添加数据值。

④ 单击"标签"组中的"图例"按钮，在下拉列表中单击"其他图例选项"，打开"设置图例格式"对话框，单击"边框颜色"按钮，设置为"实线，深蓝色"。

⑤ 单击"标签"组的"图表标题"按钮和"坐标轴"按钮，给图表添加图表标题"2013～2017 销量数据分析表"，以及主纵坐标轴标题"（台）"和次纵坐标轴标题"（％）"，并将其移至纵坐标轴上方。

⑥ 将光标移至图表区，右击鼠标，在快捷菜单中选择"设置图表区域格式"，打开"设置图表区"对话框，单击"边框颜色"按钮，设置边框为"实线，深蓝色"，单击"边框样式"按钮，设置边框宽度为"1.25 磅"，并选中"圆形"复选框。

绘制效果如图 3-62 所示，该图形象展示了 5 年间的产品销量变化以及在国内、国际市场占比情况。

图 3-62　2013～2017 销售数据分析图

（5）更改 Sheet2 的工作表标签为"销售数据分析表"，并单击"保存"按钮，保存工作簿文件。

四、实战练习和提高

打开"Excel 项目 3 资源"文件夹中的工作簿文件"项目 3 练习_原始材料. xlsx"，按如下步骤对数据表进行完善，并生成相应的图表，操作结果可参看 PDF 文件"项目 3 练习_样张. pdf"。

1. 完善表格

① 选择工作表 Sheet1，在第一行上方插入 2 个空行，并在 A1 单元格内输入"宁江市 2014～2017 产业总值情况表"，在 F2 单元格中输入"单位：亿元"。

② 用公式或者函数计算"总产值"和"总产值增速"列的值。

总产值为三大产业产值之和,即总产值＝第一产业＋第二产业＋第三产业。

总产值增速＝(当年度总产值－上一年度总产值)/上一年度总产值

宁江市 2013 年度的三大产业的总值为 3735.65 亿元。

③ 在 B8:F8 单元格中插入迷你图,反映三大产业产值以及总产值、总产值增速 4 年来的变化趋势。要求图表类型为"折线图",样式为"强调文字颜色 2,深色 50％",并在图中显示所有数据标记。

2. 格式化表格

① 将表格标题居中放置,并设置格式为"黑体,18 号"。

② 将其余单元格格式设置为"宋体,14 号"。

③ 设置表格样式为"表样式浅色 10",给表格加边框线和底纹。

④ 设置单元格内容水平居中、垂直居中,并调整行高、列宽,使表格美观大方,结果如图 3－63 所示。

宁江市2014～2017产业总值情况表

单位:亿元

年份	第一产业	第二产业	第三产业	总产值	总产值增速
2014年	120.86	2231.16	1658.91	4010.93	7%
2015年	125.74	2298.33	1905.66	4329.73	8%
2016年	132.32	2445.33	2128.64	4706.29	9%
2017年	140.56	2450.87	2435.52	5026.95	7%

图 3－63 宁江市 2014～2017 产业总值情况表

3. 在表中插入"宁江市 2014～2017 产业总值变化图"

要求在图中能展示 2014～2017 四个年度中三大产业的产值情况,以及总产值的增速情况。操作步骤如下:

提示:由于产值数据和增速数据不在一个数量级上,所以用一个坐标系同时表示这两类数据效果不佳,此时可添加次坐标轴。

① 选择 A3:D7 和 F3:F7 两个单元格区域,插入"二维簇状柱形图"。

② 在"图例"区中,选中"总产值增速",添加"次坐标轴",设置"次坐标轴"的数字格式为"百分比,小数位数为 0"。

③ 将"总产值增速"数据系列对应的图表类型改为"折线图",并加上数据标签,同样设置"数据标签"的数字格式为"百分比,小数位数为 0"。

④ 给图表增加图表标题"宁江市 2014～2017 产业总值变化图"、主纵坐标轴标题"总产值(亿元)"和次纵坐标轴标题"总产值增速",并合理设置字体、字号,调整图表区和绘图区大小,使图表中各元素比例协调。

⑤ 给绘图区设置填充色为"白色,背景 1,深色 15％"。

⑥ 给图表区加一实线边框,边框颜色为"黑色,文字 1,淡色 50％",边框宽度为 2 磅,样

式为圆角。效果如图 3-64 所示

图 3-64　宁江市 2014～2017 产业总值变化图

⑦ 将该图表移至新工作表"Chart1"中。

4. 在表中插入饼图"2017 年三大产业占比情况"

要求饼图类型为"分离型三维饼图",在数据系列上显示数据标志。操作步骤如下:

① 同时选定单元格区域 B3:D3 和 B7:D7,插入"分离型三维饼图"。

② 单击"切换行/列"按钮。

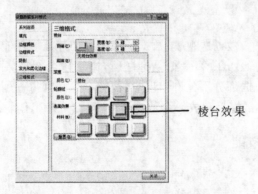

图 3-65　"设置数据系列格式"对话框

③ 选中数据系列,设置格式为"棱台|顶端"中的"凸起"。

④ 设置图表区边框线为 2.25 磅的红色实线,圆角。

⑤ 给图表增加图表标题和数据标签,效果如图 3-66 所示。

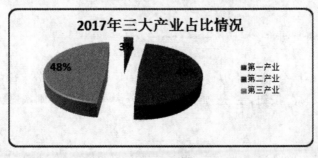

图 3-66　"设置数据系列格式"对话框

5. 单击"保存"按钮,将文件另存为"项目3练习.xlsx"。

【微信扫码】
Excel 项目 4 资源

项目四　计算机设备销售情况的统计和分析

一、内容描述和分析

1. 内容描述

某计算机设备销售公司常年销售笔记本、台式机等整机设备以及鼠标、键盘、打印机等外围设备,所有数据存于 Access 数据库中。现要求将数据库文件中的数据导入 Excel,通过排序、筛选、分类汇总等操作了解产品销售情况,并运用数据透视表、切片器等分析工具分析销售数据。

2. 涉及知识点

本项目主要涉及外部数据导入,数据清单的排序、筛选和分类汇总,以及数据透视表、数据透视图和切片器的使用等。

3. 注意点

排序、筛选、分类汇总、数据透视表、数据透视图和切片器等功能都必须在数据清单中操作。数据清单具有以下特性:① 第一行是标题行,由字段名组成,字段名不可重名。② 从第二行起是数据部分,数据部分不允许出现空行和空列,而且每一列的数据是同一类型的数据。③ 在一个工作表中最好只存放一个数据清单,且放置在工作表的左上角。

二、相关知识和技能

1. 数据排序

数据排序是指按照数据清单中某个字段或者某几个字段的数据大小重新排列整个数据表中各记录的先后顺序,由此可以将原本杂乱无章的数据表整理成为条理清楚、结构明晰的数据表。

（1）排序规则

排序方式有升序和降序两种,根据单元格中的数据类型的不同,排序规则有所不同。

● 数值型数据

按照数值大小进行排序。

● 英文字母

英文字母默认不区分大小写,从 A 到 Z 依次增大。如果要区分字母的大小写,可在"数据"选项卡中单击"排序"按钮,在"选项"中选中区分大小写字母,则次序为 a A b B……,依次类推。

● 汉字

在默认情况下,汉字的排序方式是"按字母排序",即按照拼音顺序依次增大,也可以根据需要选择"按笔画排序"或"按自定义序列排序"。

● 其他情况下的排序

日期:按照日期先后进行排序,越晚的日期值越大。

逻辑值:逻辑值 FALSE 被认作数字 0,逻辑值 TRUE 被认作数字 1,所以 FALSE<TRUE。

空单元格:无论按照升序排列还是降序排列,空白单元格总是排在最后。

(2)排序方式

排序仅适用于数据清单,可以按照其中一个字段排序,也可以按照多个字段排序。

● 按照单个字段进行排序

操作方法是:选中要排序的列中的任意一个单元格,然后单击"数据"选项卡"排序和筛选"组中"升序"按钮或者"降序"按钮。

● 按照多个字段进行排序

操作方法是:先选中要排序的列中的任意一个单元格,然后单击"数据"选项卡"排序和筛选"组中的"排序"按钮,打开"排序"对话框进行排序。

2. 数据筛选

数据筛选用于从数千条记录中快速找到符合条件的记录,和排序一样,要求在数据清单上操作。Excel 2010 提供了自动筛选和高级筛选两种功能,来实现各种筛选效果。

(1)自动筛选

自动筛选允许在一个或者多个字段设置筛选条件。如果在一个字段设置筛选条件,将显示符合这个条件的记录;如果在多个字段设置筛选条件,则显示同时满足多个字段条件的记录。

操作方法是:先选中数据清单区域中的任意一个单元格,然后单击"数据"选项卡"排序和筛选"组中的"筛选"按钮,此时,在每个字段名右侧出现一个按钮,该按钮用于设置筛选条件。再次单击"筛选"按钮,将恢复数据。

自动筛选有三种筛选方式:按文本筛选、按数字筛选和按颜色筛选。

(2)高级筛选

当要筛选的多个条件之间是"或"的关系,或者需要将筛选结果在新的位置显示出来时,必须使用高级筛选。

高级筛选的实现方法是:首先建立条件区,然后选中数据清单中的任意一个单元格,单击"数据"选项卡"排序和筛选"组中的"高级"按钮,打开"高级筛选"对话框,设置"列表区域"和"条件区域",如果要复制筛选结果,还要设置存放筛选结果的区域。

条件区域的设置是实现高级筛选的关键,条件区域由标题和条件两部分组成,如果条件是"与"的关系,将条件放在同一行,如果条件是"或"的关系,则放在不同行。如图 3 - 67 所示,条件区域 A1:B2 表示"语文高于 80 分且数学高于 90 分",条件区域 D1:E3 表示"语文高于 80 分或者数学高于 90 分",前者要求两个条件必须同时满足,后者只要求满足条件之一即可。

	A	B	C	D	E
1	语文	数学		语文	数学
2	>80	>90		>80	
3					>90

图 3 - 67 条件区域的设置

3. 分类汇总

分类汇总用于将数据清单中的记录按照某个字段或者某几个字段分类,再分别对每一类数据进行汇总。

(1) 汇总前的整理工作

汇总前的整理工作包括以下两个方面:

① 数据区域符合数据清单的格式要求。

② 所有数据按照分类字段进行排序。比如,商场要汇总"鞋帽"、"服装"、"家电"等各类商品的销售总额,就需要将数据按照"商品类别"进行排序;如果要汇总某类商品某个季度的销售总额,就需要先按"商品类别"排序,再按"季度"进行排序。

(2) 分类汇总的方式

分类汇总的方式不仅包括求和、求均值、计数、求最大值、求最小值等基本运算,还包括求方差、求标准偏差等统计运算。

(3) 分类汇总的结果

分类汇总的结果可以直接显示在原数据清单的下方,可以覆盖原有的分类汇总,还可以将数据按类分页存放。

(4) 创建和删除分类汇总

创建分类汇总的方法是:首先选择数据清单中的任意一个单元格,然后单击"数据"选项卡"分级显示"组中的"分类汇总"按钮,打开"分类汇总"对话框,设置分类字段、汇总方式、汇总项以及汇总结果的去向,最后单击"确定"按钮,结束分类汇总操作。

删除分类汇总的方法是:首先选择表中包含分类汇总的单元格,然后打开"分类汇总"对话框,单击"全部删除"按钮,取消分类汇总。

4. 数据透视表

数据透视表是 Excel 提供的一种可以快速汇总、分析大量数据的交互式分析工具。使用它可以查看数据表不同层面的汇总信息、分析结果和摘要数据,从而帮助用户发现关键数据,并做出相应的决策。

(1) 创建数据透视表

创建数据透视表的方法是:将光标置于表格数据源的任一单元格中,单击"插入"选项卡"表格"组中的"数据透视表"按钮,打开"设置数据透视表数据源"对话框,设置数据源的单元格区域和放置数据透视表的位置,完成后单击"确定"按钮,Excel 2010 将自动创建一个空的数据透视表,并打开"数据透视表字段列表"窗格。

(2) "数据透视表字段列表"窗格的设置

"数据透视表字段列表"窗格包括以下几部分:

① 选择要添加到报表的字段:在其中选择需要添加到数据透视表的字段。数值型的字段会自动添加到"数值"区域中,其他字段会全部自动添加到"行标签"区域。

② 行标签:在"行标签"区域中出现的字段会按行显示。如图 3 - 68 所示,每个店铺和商品名称都自成一行。

③ 列标签:在"列标签"区域中出现的字段会按列显示。如图 3 - 68 所示,每个季度都自成一列。

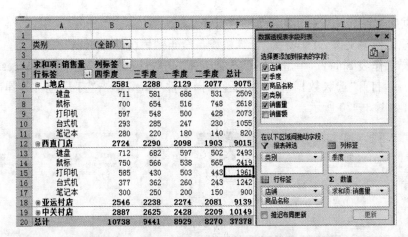

图 3－68　"数据透视表字段列表"窗格的设置效果

④ 报表筛选：根据"报表筛选"区域中出现的字段可以对数据透视表中的数据进行筛选，如图 3－68 所示，可以选择某个类别的商品进行分析汇总。

⑤ 数值：Excel 2010 会对"数值"区域出现的字段进行汇总计算，汇总方式包括求和、计数、平均值、方差、标准偏差等 11 种，默认方式为"求和"。

（3）数据透视表的编辑

数据透视表的编辑包括字段的添加、删除和重命名，这些操作通过在"数据透视表字段列表"窗格中单击要编辑的字段，选择相应的菜单命令可直接实现；要改变数据汇总方式，则要选择"值字段设置"命令，打开"值字段设置"对话框进行更改。

5. 数据透视图

数据透视图为关联数据透视表中的数据提供其图形表示形式，关联数据透视表中的布局和数据的更改将立即体现在数据透视图的布局和数据中，反之亦然。

（1）数据透视图的创建和编辑

在数据透视表中单击任意区域，即可在"数据透视表|选项"选项卡的"工具"组中找到"数据透视图"按钮，单击该按钮可以插入数据透视图。

在数据透视图中单击任意区域，功能区中出现"数据透视表工具"的"设计"、"布局"、"格式"、"分析"四个选项卡，由此对数据透视图进行格式修改，方法与普通图表相同。

（2）数据透视图的删除

选中数据透视图，然后按下【Delete】键即可删除图表。不过删除数据透视图不会删除与之关联的数据透视表；删除数据透视表后，与之关联的数据透视图会变成普通图表，并从源数据区域中取值。

三、操作指导

下载压缩文件"Excel 项目 4 资源"并解压缩，然后按照如下步骤操作。

1. 制作"销售统计分析表"

（1）将 Access 数据库文件 sales 中的数据导入 Excel

Excel 表中的数据可以由用户直接录入，也可以由其他数据源直接转换而来。将

Access 数据库文件导入 Excel 的操作步骤如下：

① 新建工作簿文件，并另存为"计算机设备全年销售统计分析表"。

② 选择工作表 Sheet1，单击"数据"选项卡中"获取外部数据"组的"自 Access"按钮，如图 3 - 69 所示，打开"选取数据源"对话框，选择文件 sales，单击"打开"按钮，弹出"选择表格"对话框，如图 3 - 70 所示。

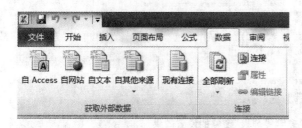

图 3 - 69 "数据"选项卡的"获取外部数据"组

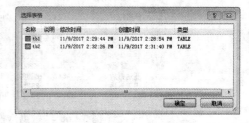

图 3 - 70 "选择表格"对话框

③ 在对话框中选择"tb1"，并单击"确定"按钮，打开"导入数据"对话框，设置如图 3 - 71 所示，单击"确定"按钮，完成导入。

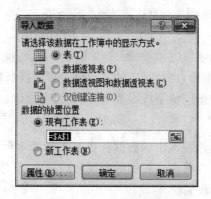

图 3 - 71 "导入数据"对话框

④ 单击"开始"选项卡"编辑"组中的"筛选"按钮，取消筛选。

⑤ 选择工作表 Sheet2，重复上述步骤，导入表 tb2 中的数据。

（2）计算销售额

操作步骤如下：

① 在工作表 Sheet1 的 F1 单元格中输入列标题"销售额"。

② 在 F2 单元格中输入计算公式，完成销售额计算。

> **提示**：销售额的计算公式为：销售额＝销售量 * 平均单价，平均单价可用 VLOOKUP 函数从表 Sheet2 中查得，在使用 VLOOKUP 函数时注意单元格引用方式。

③ 复制公式，求得其他商品的销售额。

④ 选择"销售额"列，在"设置单元格格式"对话框中设置小数位数为 0，并使用千分位。

⑤ 将工作表 Sheet1 重命名为"销售统计分析表"，工作表 Sheet2 重命名为"平均单价表"。

制作而成的"销售统计分析表"如图 3 - 72 所示,或参看 PDF 文件"销售统计分析表_样张.pdf"。

	A	B	C	D	E	F
1	店铺	季度	类别	商品名称	销售量	销售额
2	中关村店	四季度	配件	鼠标	733	80,297
3	上地店	四季度	配件	鼠标	700	76,682
4	亚运村店	三季度	配件	键盘	650	114,009
5	西直门店	一季度	其他设备	打印机	503	578,684
6	上地店	二季度	计算机	台式机	230	888,082
7	中关村店	一季度	计算机	笔记本	230	1,047,032
8	亚运村店	二季度	配件	鼠标	619	67,809
9	西直门店	一季度	计算机	笔记本	200	910,462
10	亚运村店	一季度	其他设备	打印机	406	467,089
11	西直门店	二季度	计算机	笔记本	150	682,847
12	上地店	三季度	配件	鼠标	654	71,643
13	上地店	一季度	配件	鼠标	516	56,526
14	亚运村店	四季度	计算机	台式机	377	1,455,682
15	西直门店	四季度	配件	鼠标	750	82,160

销售统计分析表 / 平均单价表 / Sheet

图 3 - 72 销售统计分析表

2. 运用"排序"功能查看各分店商品销售情况

要实现上述目标,将表中的数据按照"店铺"升序排列即可,但是如果能按照店铺、季度、类别、商品名称依次排序,各店铺商品的销售情况会看起来更清楚。

操作步骤如下:

① 将"销售统计分析表"复制到表 Sheet3 前,并重命名为"销售统计分析排序表",以下操作均在该表中完成。(注意,本操作是复制工作表)

② 将光标置于"店铺"列,单击"数据"选项卡"排序和筛选"组中"升序 ⫴" 按钮,可见表中数据按照"上地店、西直门店、亚运村店、中关村店"顺序排列。

③ 单击"数据"选项卡中"排序和筛选"组的"排序"按钮,打开"排序"对话框。

④ 在"排序"对话框中单击"选项"按钮,打开"排序选项"对话框,设置排序方法为"笔划排序",单击"确定"按钮,关闭"排序选项"对话框。

⑤ 在"排序"对话框中,单击"添加条件"按钮,依次添加次要关键字,设置排序依据和次序。"排序"对话框和"排序选项"对话框的参数设置如图 3 - 73 所示。

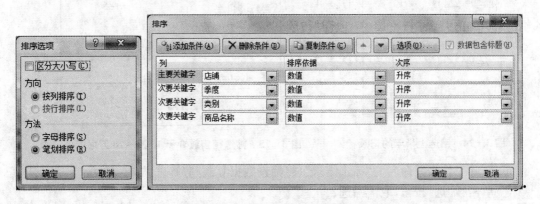

图 3 - 73 "排序"对话框和"排序选项"对话框的参数设置

⑥ 单击"确定"按钮,关闭"排序"对话框。

参看 PDF 文件"销售统计分析排序表_样张.pdf",可见表中数据按照店铺、季度、类别、商品名称依次排序。

3. 运用"自动筛选"功能查看商品销售情况

将表 Sheet3 重命名为"销售统计分析筛选表",并将"销售统计分析排序表"中的数据复制到该表中。在粘贴时,执行"选择性粘贴"命令,并在"选择性粘贴"对话框中选择"值和数字格式"。以下操作均在"销售统计分析筛选表"中完成,操作结果参看 PDF 文件"筛选结果表_样张"。

(1) 查看西直门店上半年销售额介于 10 万~20 万之间的记录

本题包含三个筛选条件:季度、店铺和销售额,且必须同时满足。

操作步骤如下:

① 选中数据清单区域中的任一单元格,单击"数据"选项卡"排序和筛选"组中的"筛选"按钮,此时,在每个字段名右侧出现一个按钮 ▾。

② 单击"季度"字段右侧的按钮 ▾,如图 3-74 所示,选中"一季度"和"二季度",单击"确定"按钮,完成对季度的筛选。

> **说明:**在图 3-74 中的"搜索"框中输入内容,按下回车键后,可以显示出所有包含该内容的数据行。

③ 单击"店铺"字段右侧的按钮 ▾,选择"西直门店",完成店铺筛选。

④ 单击"销售额"字段右侧的按钮 ▾,如图 3-75 所示,选择"数字筛选|介于",打开"自定义自动筛选方式"对话框,在其中分别输入 10 万和 20 万。

⑤ 单击"确定"按钮,得到筛选结果。

图 3-74　筛选上半年的记录

图 3-75　筛选销售额介于 10 万~20 万之间的记录

⑥ 新建工作表并命名为"筛选结果",将筛选数据复制到"筛选结果"表中。

⑦ 单击"筛选"按钮,取消筛选。

(2) 自行练习筛选配件类商品销量排名前三的记录,并将结果复制到"筛选结果"表中。

4. 运用"高级筛选"功能查看商品销售情况

(1) 筛选销售量大于 760 或者销售额高于 160 万的数据。

筛选条件为: 销售量＞760 OR 销售额＞160万

操作步骤如下:

① 设置条件区域, 由于两个条件是"或"的关系, 如图 3－76 所示在单元格区域 H1:I3 中输入条件。

H	I
销售量	销售额
＞760	
	＞1600000

图 3－76　题 4/(1)条件区域

图 3－77　题 4/(1)"高级筛选"对话框

② 将光标置于数据区域中, 单击"数据"选项卡"排序和筛选"组中的"高级"按钮, 打开"高级筛选"对话框, 如图 3－77 所示, 选择"将筛选结果复制到其他位置", 然后将光标定位于"列表区域", 选取整个数据区域, 用同样的方法确定"条件区域"和"复制到"区域的内容。

> **说明**: 如果几个条件之间是并且(AND)的关系, 将条件放在同一行; 如果是或(OR)的关系, 放在不同行。

③ 单击"确定"按钮, 得到筛选结果如图 3－78 所示。

K	L	M	N	O	P
店铺	季度	类别	商品名称	销售量	销售额
中关村店	三季度	配件	键盘	768	134,706
中关村店	四季度	计算机	台式机	416	1,606,270
中关村店	四季度	配件	键盘	798	139,968
亚运村店	四季度	配件	键盘	766	134,355

图 3－78　题 4/(1)筛选结果

(2) 筛选四季度笔记本销量高于 300 或者打印机销量高于 580 的记录, 仅显示店铺、商品名称和销售量。

筛选条件为: (季度＝"四季度" and 商品名称＝"笔记本" and 销售量＞300)OR(季度＝"四季度" and 商品名称＝"打印机" and 销售量＞580)

操作步骤如下:

① 设置条件区域 H7:J9, 如图 3－79 所示。

② 从数据表中复制要显示的字段名称至要显示的位置 L7:N7 粘贴。

③ 如上题所述, 打开"高级筛选"对话框, 依次设置"列表区域"为 ＄A＄1:＄F＄81、"条件区域"为 ＄H＄7:＄J＄9、"复制到"为 ＄L＄7:＄N＄7。

④ 单击"确定"按钮, 得到如图 3－80 所示的筛选结果。

店铺	商品名称	销售量
上地店	打印机	597
中关村店	笔记本	350
中关村店	打印机	590
亚运村店	笔记本	320
西直门店	打印机	585

季度	商品名称	销售量
四季度	笔记本	>300
四季度	打印机	>580

图 3-79 题 4/(2)条件区域 　　　　　图 3-80 题 4/(2)筛选结果

(3) 模仿题 2 自行完成筛选笔记本销售额高于 120 万或者低于 70 万的记录,仅显示店铺、商品名称、季度和销售额。

筛选条件为:商品名称="笔记本" AND 销售额>120 万 OR 商品名称="笔记本" AND 销售额<120 万

(4) 使用公式作为筛选条件,筛选销售量超过平均值的打印机的销售记录。

在条件区域中,除了使用字符串、逻辑表达式外,还可以使用公式作为条件。

在本例中,**筛选条件为**:商品名称="打印机" and 销售量>＝AVERAGEIF(\$D\$2:\$D\$81,"打印机",\$E\$2:\$E\$81)

操作步骤如下:

① 设置条件区域。在空白单元格 H24 中输入公式"=D2="打印机"",在空白单元格 I24 中输入公式"＝E2>＝(AVERAGEIF(\$D\$2:\$D\$81,"打印机",\$E\$2:\$E\$81))"。

> **说明**:输入公式后,单元格 H24 和 I24 中的显示结果都是 FALSE。这是因为单元格 D2 和 E2 的值都不能满足公式中设置的条件。

② 将光标置于数据区域中,打开"高级筛选"对话框,在对话框中选中"将筛选结果复制到其他位置",并设置"列表区域"、"条件区域"和"复制到"区域的内容,如图 3-81 所示。

③ 单击"确定"按钮,得到筛选结果如图 3-82 所示。

店铺	季度	类别	商品名称	销售量	销售额
上地店	三季度	其他设备	打印机	548	630,455
上地店	四季度	其他设备	打印机	597	686,828
中关村店	一季度	其他设备	打印机	597	686,828
中关村店	三季度	其他设备	打印机	585	673,022
中关村店	四季度	其他设备	打印机	590	678,775
亚运村店	四季度	其他设备	打印机	577	663,818
西直门店	四季度	其他设备	打印机	585	673,022

图 3-81 4/(4)"高级筛选"对话框 　　　　图 3-82 题 4/(4)筛选结果

> **注意**:使用公式作为筛选条件时,条件区域要多选上面一行,即 \$H\$23:\$I\$24。

(5) 模仿题 4 筛选超过计算机类商品平均售价的笔记本的销售记录。结果如图 3-83 所示。

店铺	季度	类别	商品名称	销售量	销售额
上地店	四季度	计算机	笔记本	280	1,274,647
中关村店	三季度	计算机	笔记本	290	1,320,170
中关村店	四季度	计算机	笔记本	350	1,593,309
亚运村店	三季度	计算机	笔记本	260	1,183,601
亚运村店	四季度	计算机	笔记本	320	1,456,740
西直门店	四季度	计算机	笔记本	300	1,365,693

图 3-83 题 4/(5)筛选结果

5. 运用"分类汇总"功能统计各分店各商品的年销售额和销售量

在工作簿中新建工作表,并重命名为"销售统计分析分类汇总表",然后将"销售统计分析排序表"中的数据复制到该表中。在粘贴时,执行"选择性粘贴"命令,并在"选择性粘贴"对话框中选择"值和数字格式"。

以下操作均在"销售统计分析分类汇总表"中完成,操作结果可参看"分类汇总表_样张.pdf"。

(1) 准备工作——将表中数据按照"店铺"和"商品名称"两个字段排序

操作步骤如下:

① 将光标置于数据表的数据区域中,单击"数据"选项卡"排序和筛选"组中的"排序"按钮,打开"排序"对话框。

② 在打开的"排序"对话框中设置主要关键字为"店铺",次要关键字为"商品名称"。

③ 单击"确定"按钮,关闭"排序"对话框,完成排序任务。

(2) 分类汇总——先按"店铺"字段

操作步骤如下:

① 将光标置于数据区域中,单击"数据"选项卡"分级显示"组中的"分类汇总"按钮。

② 在"分类汇总"对话框中,设置"分类字段"为"店铺","汇总方式"为"求和",在"选定汇总项"中选定"销售量"和"销售额",如图 3-84 所示。

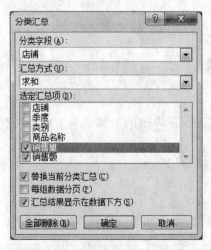

		A	B	C	D	E	F
	1	店铺	季度	类别	商品名称	销售量	销售额
	2	上地店	四季度	计算机	笔记本	280	1,274,647
	3	上地店	一季度	计算机	笔记本	180	819,416
	4	上地店	二季度	计算机	笔记本	140	637,324
	5	上地店	三季度	计算机	笔记本	220	1,001,508
	6	上地店	一季度	其他设备	打印机	500	575,233
	7	上地店	二季度	其他设备	打印机	428	492,399
	8	上地店	三季度	其他设备	打印机	548	630,455
	9	上地店	四季度	其他设备	打印机	597	686,828
	10	上地店	三季度	配件	键盘	581	101,907
	11	上地店	四季度	配件	键盘	711	124,708
	12	上地店	二季度	配件	键盘	531	93,137
	13	上地店	一季度	配件	键盘	686	120,324
	14	上地店	四季度	配件	鼠标	700	76,682
	15	上地店	三季度	配件	鼠标	654	71,643
	16	上地店	一季度	配件	鼠标	516	56,526
	17	上地店	二季度	配件	鼠标	748	81,940
	18	上地店	二季度	计算机	台式机	230	888,082
	19	上地店	三季度	计算机	台式机	285	1,100,449
	20	上地店	四季度	计算机	台式机	293	1,131,339
	21	上地店	一季度	计算机	台式机	247	953,723
	22	**上地店 汇总**				9075	10,918,269
	23	西直门店	一季度	计算机	笔记本	200	910,462
	24	西直门店	二季度	计算机	笔记本	150	682,847
	25	西直门店	四季度	计算机	笔记本	300	1,365,693
	26	西直门店	三季度	计算机	笔记本	250	1,138,078
	27	西直门店	一季度	其他设备	打印机	503	578,684

图 3-84 "分类汇总"对话框　　　　　**图 3-85 按"店铺"分类汇总的结果(部分)**

③ 单击"确定"按钮,得到如图3-85所示的汇总结果。

(3) 分类汇总——再按"商品名称"字段

操作步骤如下:

① 再次打开"分类汇总"对话框,设置"分类字段"为"商品名称","汇总方式"和"选定汇总项"不变,同时取消"替换当前分类汇总"复选框。

注意:第二次分类汇总时,一定要清除"替换当前分类汇总"复选框的勾选,否则表格中的数据会按照"商品名称"字段重新进行分类汇总。

② 单击"确定"按钮,得到如图3-86所示的最终汇总结果。

		A	B	C	D	E	F
	4	上地店	二季度	计算机	笔记本	140	637,324
	5	上地店	三季度	计算机	笔记本	220	1,001,508
	6				笔记本 汇总	820	3,732,895
	7	上地店	一季度	其他设备	打印机	500	575,233
	8	上地店	二季度	其他设备	打印机	428	492,399
	9	上地店	三季度	其他设备	打印机	548	630,455
	10	上地店	四季度	其他设备	打印机	597	686,828
	11				打印机 汇总	2073	2,384,915
	12	上地店	三季度	配件	键盘	581	101,907
	13	上地店	四季度	配件	键盘	711	124,708
	14	上地店	二季度	配件	键盘	531	93,137
	15	上地店	一季度	配件	键盘	686	120,324
	16				键盘 汇总	2509	440,075
	17	上地店	四季度	配件	鼠标	700	76,682
	18	上地店	三季度	配件	鼠标	654	71,643
	19	上地店	一季度	配件	鼠标	516	56,526
	20	上地店	二季度	配件	鼠标	748	81,940
	21				鼠标 汇总	2618	286,792
	22	上地店	二季度	计算机	台式机	230	888,082
	23	上地店	三季度	计算机	台式机	285	1,100,449
	24	上地店	四季度	计算机	台式机	293	1,131,339
	25	上地店	一季度	计算机	台式机	247	953,723
	26				台式机 汇总	1055	4,073,593
	27	上地店 汇总				9075	10,918,269

图3-86 按"店铺"和"商品名称"分类汇总的结果(部分)

(4) 将分类汇总结果复制到数据表的空白区域中

操作步骤如下:

① 单击数据区域左侧代表汇总级别的数字"3",并选择所有数据。

说明:因为本题要查看的是各店铺各商品的销售情况,所以单击数字"3",如果仅查看各店铺的销售情况,单击数字"2"即可。

② 单击"开始"选项卡"编辑"组中的"查找和替换"按钮,在弹出的下拉菜单中单击"定位条件"命令,打开"定位条件"对话框。

③ 在"定位条件"对话框中选择"可见单元格",如图3-87所示。

④ 单击"确定"按钮,关闭对话框。

说明:如果直接执行"复制"和"粘贴",会连细节数据一并复制。

⑤ 复制所选内容,并选择数据区域下方一空白单元格完成粘贴,结果如图3-88所示。

108	店铺	季度	类别	商品名称	销售量	销售额
109				笔记本 汇总	820	3,732,895
110				打印机 汇总	2073	2,384,915
111				键盘 汇总	2509	440,075
112				鼠标 汇总	2618	286,792
113				台式机 汇总	1055	4,073,593
114	上地店 汇总				9075	10,918,269
115				笔记本 汇总	900	4,097,080
116				打印机 汇总	1961	2,256,062
117				键盘 汇总	2493	437,269
118				鼠标 汇总	2419	264,992
119				台式机 汇总	1242	4,795,642
120	西直门店 汇总				9015	11,851,045
121				笔记本 汇总	960	4,370,219
122				打印机 汇总	1869	2,150,220
123				键盘 汇总	2643	463,579
124				鼠标 汇总	2282	249,984
125				台式机 汇总	1385	5,347,797
126	亚运村店 汇总				9139	12,581,798
127				笔记本 汇总	1050	4,779,927
128				打印机 汇总	2282	2,625,362
129				键盘 汇总	2847	499,360
130				鼠标 汇总	2544	278,685
131				台式机 汇总	1426	5,506,107
132	中关村店 汇总				10149	13,689,441
133	总计				37378	49,040,554

图 3－87　"定位条件"对话框　　　　**图 3－88　"分类汇总"的复制效果**

6. 应用数据透视表和数据透视图汇总分析销售业绩

将"销售统计分析表"中的数据复制到新工作表中,保留值和数据格式,并将新工作表命名为"销售统计分析数据透视表"。以下所有操作均在该工作表中完成。

(1)创建数据透视表查看各店铺中商品的销售情况

操作步骤如下:

① 将光标置于数据区域中,单击"插入"选项卡"表格"组中的"数据透视表"按钮,打开"创建数据透视表"对话框。

② 在对话框中,保持"请选择要分析的数据"设置不变,选中"现有工作表"并设置位置为"H2"单元格,如图 3－89 所示。

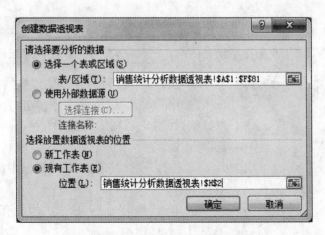

图 3－89　"创建数据透视表"对话框

③ 单击"确定"按钮,打开"数据透视表字段列表"对话框,在其中选择"店铺"、"商品名称"和"销售量"三个字段。

注意：数值型的字段将被自动添加到"值"区域中，默认计算方式为"求和"，其他类型字段添加到"行标签"区域。

④ 选中"行标签"区域中的"商品名称"字段，将其拖至"列标签"区域，操作结果如图 3-90 所示。注意比较"商品名称"字段拖动前后的数据透视表的变化。

求和项:销售量	列标签					
行标签	笔记本	打印机	键盘	鼠标	台式机	总计
上地店	820	2073	2509	2618	1055	9075
西直门店	900	1961	2493	2419	1242	9015
亚运村店	960	1869	2643	2282	1385	9139
中关村店	1050	2282	2847	2544	1426	10149
总计	3730	8185	10492	9863	5108	37378

图 3-90　"数据透视表字段列表"设置以及透视效果

（2）在数据透视表中添加"季度"字段，查看每个店铺各季度的商品销量，并按季度升序排列

① 在上题的"数据透视表字段列表"选项卡中，继续选中"季度"字段，则在"行标签"区域中出现"季度"字段，表中内容也随之变化。

说明：当需要删除字段时，可以单击该字段，在弹出的菜单中执行"删除字段"命令，或者在"选择要添加到报表的字段"列表框中再次单击该字段，取消选择。

② 单击"数据透视表|设计"选项卡中的"报表布局"按钮，在打开的下拉列表中选择"以表格形式显示"。

说明：系统默认的报表布局为"压缩形式"，但是"表格形式"和"大纲形式"是常用形式，因为"压缩形式"下，多个行字段会压缩在一列中，而且无法显示字段标题。

③ 选择"季度"列标签，单击"数据透视表|设计"选项卡"排序和筛选"组中的排序按钮，打开"排序（季度）"对话框，如图 3-91 所示，选中"升序排序"，并单击"其他选项"按钮。

④ 在打开的"其他选项"对话框中设置"方法"为"笔划排序"。

⑤ 单击"确定"按钮，依次关闭所有对话框。操作结果如图 3-92 所示。

图 3-91　"排序（季度）"对话框

求和项:销售量		商品名称 ▼					
店铺 ▼	季度 ▼	笔记本	打印机	键盘	鼠标	台式机	总计
⊟上地店	一季度	180	500	686	516	247	2129
	二季度	140	428	531	748	230	2077
	三季度	220	548	581	654	285	2288
	四季度	280	597	711	700	293	2581
上地店 汇总		820	2073	2509	2618	1055	9075
⊟西直门店	一季度	200	503	597	538	260	2098
	二季度	150	443	502	565	243	1903
	三季度	250	430	682	566	362	2290
	四季度	300	585	712	750	377	2724
西直门店 汇总		900	1961	2493	2419	1242	9015
⊟亚运村店	一季度	210	406	674	648	336	2274
	二季度	170	424	553	619	315	2081
	三季度	260	462	650	509	357	2238
	四季度	320	577	766	506	377	2546
亚运村店 汇总		960	1869	2643	2282	1385	9139
⊟中关村店	一季度	230	597	754	586	261	2428
	二季度	180	510	527	643	349	2209
	三季度	290	585	768	582	400	2625
	四季度	350	590	798	733	416	2887
中关村店 汇总		1050	2282	2847	2544	1426	10149
总计		3730	8185	10492	9863	5108	37378

图 3－92　显示每个店铺各季度的商品销量并按季度升序排列的数据透视表

说明：在图 3－92 中，单击"季度"右侧的下拉箭头，可以选择任意一个或者多个季度查看其销售总量。

（3）查看上地店和中关村店上半年笔记本和台式机的销售总量

① 在数据透视表中，通过单击"店铺"、"季度"和"商品名称"右侧的按钮，选择相应的店铺、季度和商品即可。操作结果如图 3－93 所示。

求和项:销售量		商品名称 ▼		
店铺 ▼	季度 ▼	笔记本	台式机	总计
⊞上地店		320	477	797
⊞中关村店		410	610	1020
总计		730	1087	1817

季度	(多项) ▼			
求和项:销售量		商品名称 ▼		
店铺 ▼		笔记本	台式机	总计
上地店		320	477	797
中关村店		410	610	1020
总计		730	1087	1817

图 3－93　题 6/（3）步骤①操作结果　　　　图 3－94　题 6/（3）步骤②操作结果

② 在"数据透视表字段列表"对话框中，将"行标签"区域中的字段"季度"拖至"报表筛选"区域中，得到如图 3－94 所示的操作结果，显示效果更好。

（4）查看各店铺笔记本和台式机的销量占比情况以及年度平均销量

① 在数据透视表中，单击"店铺"和"季度"右侧的按钮，选择"全选"或"全部"。

② 在"数据透视表字段列表"对话框中，再次将"选择要添加到报表的字段"区域中的"销售量"字段拖到"数值"区域中，出现标签"求和项:销售量 2"。

③ 单击该标签右侧的下拉箭头，在弹出的菜单中选择"值字段设置"命令，在打开的"值字段设置"对话框中，将"计算类型"设置为"平均值"，将"自定义名称"改为"平均销量"，如图 3－95 所示；单击"确定"按钮，关闭对话框。

值字段设置

源名称: 销售量

自定义名称(C): 平均销量

[**值汇总方式**] 值显示方式

值字段汇总方式(S)

选择用于汇总所选字段数据的
计算类型

求和
计数
平均值
最大值
最小值
乘积

数字格式(N)　　　　确定　　取消

值字段设置

源名称: 销售量

自定义名称(C): 销售总量

值汇总方式 [**值显示方式**]

值显示方式(A)

列汇总的百分比

无计算
全部汇总百分比
列汇总的百分比
行汇总的百分比
百分比
父行汇总的百分比

指数
销售额

数字格式(N)　　　　确定　　取消

图 3-95　"值字段设置—汇总方式"对话框　　　**图 3-96　"值字段设置—显示方式"对话框**

④ 单击标签"求和项:销售量"右侧的下拉箭头,用同样的方法打开"值字段设置"对话框,将"自定义名称"改为"销售总量",并单击"值显示方式"选项卡,如图 3-96 所示,在"值显示方式"下拉列表中选择"列汇总的百分比";单击"确定"按钮,关闭对话框。

操作结果如图 3-97 所示。

季度	（全部）					
	商品名称 值					
	笔记本		台式机		销售总量汇总	平均销量汇总
店铺	销售总量	平均销量	销售总量	平均销量		
上地店	21.98%	205	20.65%	263.75	21.22%	234.375
西直门店	24.13%	225	24.31%	310.5	24.24%	267.75
亚运村店	25.74%	240	27.11%	346.25	26.53%	293.125
中关村店	28.15%	262.5	27.92%	356.5	28.02%	309.5
总计	100.00%	233.125	100.00%	319.25	100.00%	276.1875

图 3-97　题 6/(4)操作结果

(5) 制作数据透视图

操作步骤如下:

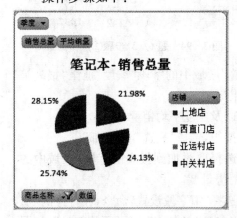

图 3-98　数据透视图——笔记本占比情况

① 单击数据透视表中的任一单元格,出现"数据透视表工具|选项"选项卡,单击"工具"组中的"数据透视图"按钮,打开"插入图表"对话框,选择"分离型三维饼图"。

② 选择"数据透视图工具|布局"选项卡,在"标签"组中单击"数据标签"按钮,设置数据标签位置为"数据标签外",操作结果如图 3-98 所示,显示四家店铺笔记本销量的占比情况。

③ 在数据透视图中,单击"商品名称"按钮,选择"台式机";单击"季度"按钮,选择"四季度",可见数据透视图和数据透视表随之变化,显示了在四季度各店铺台式机销量的占比情况,如图 3-99 所示。

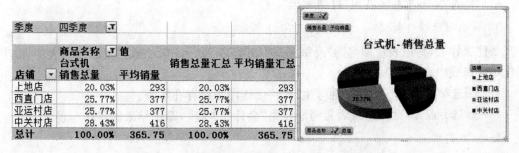

图 3-99　四季度各店铺台式机销量的占比情况

④ 单击"店铺"和"季度"按钮,选择不同的店铺和季度,观察数据透视表和数据透视图的变化。

⑤ 保存文件。

> **说明**:数据透视图和数据透视表是相关联的,改变其中之一,另一个也会相应发生改变。如果删除数据透视表,数据透视图会成为普通的图表,并从源区域中取值。

四、实战练习和提高

新建 Excel 工作簿文件,打开"Excel 项目 4 资源"文件夹中的 Access 数据库文件"报名信息. accdb",将其中的"报名信息表"导入到表 Sheet1 中,并将文件另存为"项目 4 练习. xlsx"。以下操作均在"项目 4 练习. xlsx"中完成,操作结果可参看 PDF 文件"项目 4 练习_样张. pdf"。

1. 排序操作练习

(1) 将表 Sheet1 中数据按照"出生日期"升序排列,并将排序结果复制到表 Sheet2 中。

(2) 将表 Sheet1 中数据先按"专业"升序排列,再按"出生日期"降序排列,并将排序结果复制到表 Sheet2 中。

> **提示**:在复制数据时,如果出现"########"或者类似"1.535E+10"的形式,通过增加该列的列宽即可解决。

(3) 将表 Sheet1 中数据先按"学历"升序排列,即"本科,硕士,博士",再按"报考职位"降序排列,并将排序结果复制到表 Sheet2 中。

(4) 将表 Sheet2 重命名为"排序"。

2. 自动筛选操作练习

(1) 在表 Sheet1 中筛选 1976 年出生的考生信息,并将筛选结果复制到表 Sheet3 中。

(2) 在表 Sheet1 中先取消原有筛选,重新筛选姓"李"的硕士考生信息,并将筛选结果复制到表 Sheet3 中。

(3) 在表 Sheet1 中先取消原有筛选,重新筛选报考"统计"和"法律顾问"职位且学历不是博士的考生信息,并将筛选结果复制到表 Sheet3 中。

(4) 将表 Sheet3 重命名为"自动筛选"。

3. 高级筛选操作练习

新建工作表,将该表重命名为"高级筛选",并将表 Sheet1 中的数据复制到该表中,以下操作均在该表中完成。

(1) 筛选学历是"硕士"的女性考生,并将筛选结果保存在本表。

(2) 筛选专业是"会计",或者报考职位是"会计"的考生,筛选结果保存在本表。

4. 分类汇总

新建工作表,将该表重命名为"分类汇总",并将表 Sheet1 中的数据复制到该表中,汇总不同学历男性和女性的报考情况。(提示:先按"学历"汇总,再按"性别"汇总,并注意在分类汇总前先排序)

5. 创建数据透视表和数据透视图

新建工作表,将该表重命名为"数据透视表图",并将表 Sheet1 中的数据复制到该表中。

(1) 统计不同职位报考人员的学历情况,结果如图 3-100 所示。

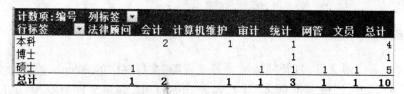

计数项:编号	列标签							
行标签	法律顾问	会计	计算机维护	审计	统计	网管	文员	总计
本科		2	1		1			4
博士				1				1
硕士	1			1	1	1	1	5
总计	1	2	1	1	3	1	1	10

图 3-100 数据透视表——不同职位报考人员的学历情况

(2) 插入数据透视图,并调整至如图 3-101 所示,查看本科生报考职位情况。

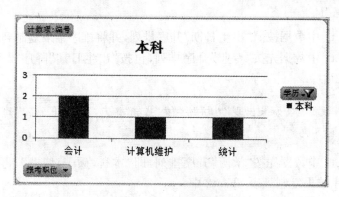

图 3-101 数据透视图

6. 保存文件。

项目五　公务员笔试结果通知单的制作

一、内容描述和分析

1. 内容描述

江州市近期举办了公务员录用考试公共科目的笔试,其中教育局财务科科员的岗位共有 10 人报考,现需要制作考试结果通知函,告知考生各门课程的成绩、总分以及名次,并根据名次通知考生有无面试资格。

2. 涉及知识点

本项目需要综合运用 Word 和 Excel 两大办公软件,主要涉及 Excel 的合并计算以及函数、公式等知识点,此外,还要用到 Word 的邮件合并功能。

3. 注意点

邮件合并功能中的数据源可以是 Excel 工作簿也可以是 Access 数据库、Query 文件等,可以是本地的,也可以是远程的。需要注意的是:① 在使用 Excel 工作簿时,必须保证数据源符合数据清单的要求;② 合并前后,数据源和 Word 文档不要移动位置,否则需要重新链接。

二、相关知识和技能

1. Word 的邮件合并功能

邮件合并主要是指在主文档的固定内容中,合并与发送信息相关的一组数据资料,从而批量生成需要的邮件文档。例如,制作一批邀请函,所有邀请函中的主要内容都是固定不变的,而邀请对象的姓名是变化的部分,每一张邀请函都不同。使用"邮件合并"功能可以轻松地批量生成不同对象的邀请函。

邮件合并的基本过程包括以下三个步骤:

(1)创建主文档

主文档是指邮件合并内容的固定不变的部分,如邀请函中的通用部分、信封上的落款等。建立主文档的过程和平时新建一个 Word 文档相同,在进行邮件合并之前它只是一个普通的文档。唯一不同的是,在制作一个主文档时需要考虑,在合适的位置留下数据填充的空间。

(2)准备数据源

数据源实际上是一个数据列表,其中包含了用户希望合并到输出文档的数据。数据源可以是 Excel 表格、Outlook 联系人、Access 数据库、Word 中的表格、HTML 文件等。如果没有现成的,还可以重新建立一个数据源。

(3)邮件合并的最终文档

邮件合并就是将数据源合并到主文档中,得到最终的目标文档。合并完成的文件份数取决于数据表中记录的条数。邮件合并功能除了可以批量处理信函、信封与邮件相关的文档外，还可以轻松地批量制作标签、工资条、成绩单等。

2. Excel 2010 的合并计算

Excel 2010 的“合并计算”可以对一个或者多个工作表中的数据进行汇总，汇总方式可以是求和，也可以是求均值、计数等。主要有以下几种情况：

(1) 待合并计算的区域布局相同

如图 3 - 102 所示，三个待合并区域行标签、列标签完全一致，“合并计算”将对相应区域的数据进行汇总计算。

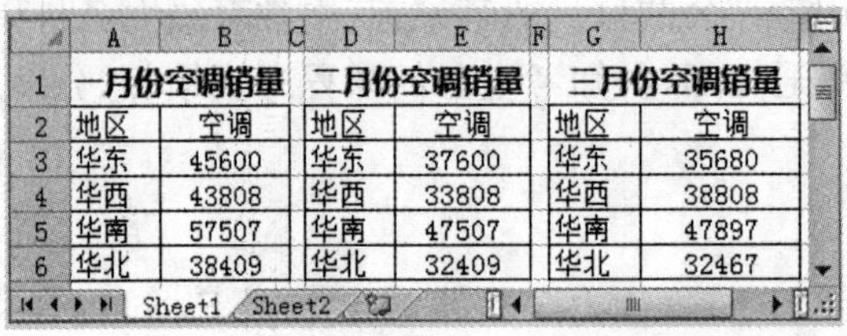

	A	B	C	D	E	F	G	H
1	一月份空调销量			二月份空调销量			三月份空调销量	
2	地区	空调		地区	空调		地区	空调
3	华东	45600		华东	37600		华东	35680
4	华西	43808		华西	33808		华西	38808
5	华南	57507		华南	47507		华南	47897
6	华北	38409		华北	32409		华北	32467

Sheet1 Sheet2

	空调
华东	118880
华西	116424
华南	152911
华北	103285

图 3 - 102 数据区域布局相同

(2) 待合并计算的区域布局不同

如图 3 - 103 所示，待合并区域行标签不同而列标签相同，“合并计算”则对相应区域的数据进行分类汇总，将行标签相同的数据进行汇总计算。

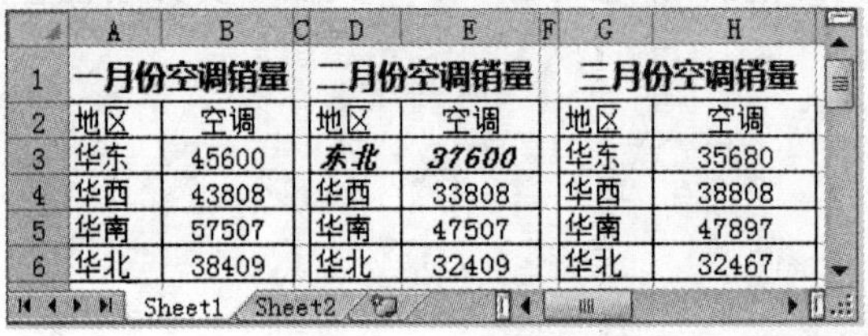

	A	B	C	D	E	F	G	H
1	一月份空调销量			二月份空调销量			三月份空调销量	
2	地区	空调		地区	空调		地区	空调
3	华东	45600		*东北*	*37600*		华东	35680
4	华西	43808		华西	33808		华西	38808
5	华南	57507		华南	47507		华南	47897
6	华北	38409		华北	32409		华北	32467

Sheet1 Sheet2

	空调
华东	81280
东北	*37600*
华西	116424
华南	152911
华北	103285

图 3 - 103 数据区域列标签相同行标签不同

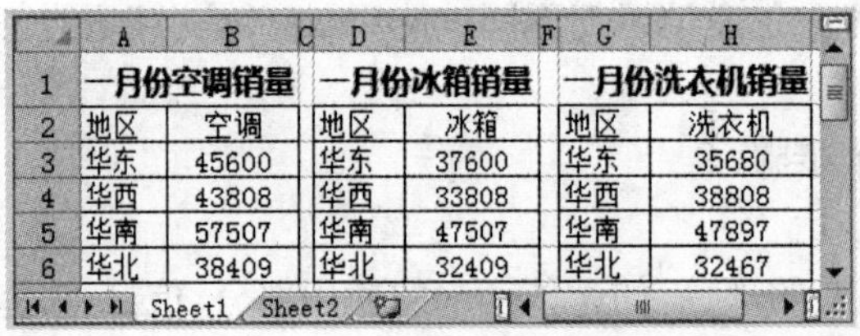

	A	B	C	D	E	F	G	H
1	一月份空调销量			一月份冰箱销量			一月份洗衣机销量	
2	地区	空调		地区	冰箱		地区	洗衣机
3	华东	45600		华东	37600		华东	35680
4	华西	43808		华西	33808		华西	38808
5	华南	57507		华南	47507		华南	47897
6	华北	38409		华北	32409		华北	32467

Sheet1 Sheet2

	空调	冰箱	洗衣机
华东	45600	37600	35680
华西	43808	33808	38808
华南	57507	47507	47897
华北	38409	32409	32467

图 3 - 104 数据区域行标签相同列标签不同

如图 3 - 104 所示，待合并的三个区域行标签相同而列标签不同，“合并计算”仅将相应区域的数据合并到一张表中，而不会进行汇总计算。

说明：① 本例中上述情形下的合并计算的汇总方式均选择“求和”。② 参与合并计算的数据可以来自于同一个数据表，也来自于不同的数据表。

三、操作指导

下载压缩文件"Excel 项目 5 资源"并解压缩，打开 Excel 工作簿文件"笔试成绩单源数据. xlsx"，然后按照如下步骤操作。操作中注意及时保存，操作结果可参看 PDF 文档"公务员考试笔试结果通知单. pdf"。

1. 通过"合并计算"生成"笔试成绩表"

在 Excel 工作簿文件"笔试成绩单源数据. xlsx"中有"公共基础知识"、"行政职业能力"和"专业知识"三张工作表，分别存储公务员考试的三门课程成绩，由此生成邮件合并所需要的数据源。操作步骤如下：

① 新建工作表并重命名为"笔试成绩表"。

② 在"数据"选项卡的"数据"组中单击"合并计算"按钮，打开"合并计算"对话框。

③ 在"合并计算"对话框中，单击"引用位置"文本框右侧的按钮，在"公共基础知识"表中选中单元格区域 A1:B11，再次单击按钮，恢复显示"合并计算"对话框。

④ 在"合并计算"对话框中，单击"添加"按钮，将所选数据区域添加到"所有引用位置"列表框中。

⑤ 用同样的方法，将"行政职业能力"表和"专业基础知识"表中的数据区域添加到"所有引用位置"列表框中。

⑥ 设置"函数"为"求和"，并选中"首行"复选框和"最左列"复选框，结果如图 3－105 所示。

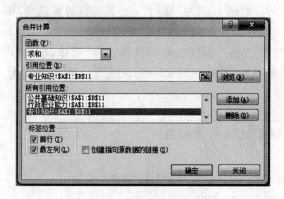

	A	B	C	D
1		公共基础知识	行政职业能力	专业知识考核
2	刘洪	78	74	78
3	李林	81	70	66
4	杨帆	78	88	86
5	蒋云剑	66	76	64
6	程小雨	90	80	90
7	刘新宇	87	85	68
8	杨红	82	67	75
9	李倩	72	74	68
10	张伟东	85	81	88
11	赵云逸	72	70	84

图 3－105　"合并计算"对话框　　　　　　图 3－106　"合并计算"结果图

⑦ 单击"确定"按钮，完成合并计算。

操作结果如图 3－106 所示。

2. 编辑"笔试成绩表"

操作步骤如下：

① 在 A 列左侧插入一空列，并在 A1 单元格中输入"编号"，在 B1 单元格中输入"姓名"，在 F1 单元格中输入"笔试成绩"，在 G1 单元格中输入"名次"。

② 在"编号"列依次填入数字序列"01,02,……"。

③ 计算每个考生的笔试成绩，并填入"笔试成绩"列。

根据招考规则,笔试成绩的计算公式是:

笔试成绩＝公共基础知识×40％＋行政职业能力×30％＋专业基础知识×30％

④ 根据笔试成绩确定每个考生的名次,并填入"名次"列。

> **提示:** ① 使用函数 Rank.EQ。② 注意函数 Rank.EQ 中单元格区域的引用方式。

⑤ 单击"保存"按钮,保存当前文件。

编辑完成后的"笔试成绩表"工作表如图 3－107 所示。

	A	B	C	D	E	F	G
1	编号	姓名	公共基础知识	行政职业能力	专业基础知识	笔试成绩	名次
2	01	刘洪	78	74	78	76.8	5
3	02	李林	81	70	66	73.2	8
4	03	杨帆	78	88	86	83.4	3
5	04	蒋云剑	66	76	64	68.4	10
6	05	程小雨	90	80	90	87	1
7	06	刘新宇	87	85	68	80.7	4
8	07	杨红	82	67	75	75.4	6
9	08	李倩	72	74	68	71.4	9
10	09	张伟东	85	81	88	84.7	2
11	10	赵云逸	72	70	84	75	7

图 3－107 编辑完成后的笔试成绩表

3. 制作邮件合并的主文档

操作步骤如下:

① 新建 Word 文档,设置纸张大小为"32K",纸张方向为"横向",上下左右的页边距均为"2 cm"。

② 在文档中输入如图 3－108 所示的文字和表格。标题部分字体格式为"黑体,小三",其余部分字体格式为"宋体,小四";表格部分外框线格式为"0.75 磅,双线",内框线格式为"0.75 磅,单线"。

江州省公务员考试笔试结果通知单

同志,您好!

您在本次考试中的各单项成绩、总成绩以及在报考相同岗位的考生中的排名情况如下:

编号	姓名	公共基础知识	行政职业能力	专业基础知识	总成绩	名次

笔试总成绩位列前三可以参加面试。

江州省人力资源与社会保障厅
2018.3.16

图 3－108 主文档的内容

③ 将文档另存为"公务员考试笔试结果通知单主文档"。

4. 将数据源合并到主文档中

操作步骤如下：

① 在主文档中，将光标定位在"同志"前，然后单击"邮件"选项卡，在"开始邮件合并"组中，单击"开始邮件合并"按钮，在弹出的下拉列表中选择"邮件合并分布向导"命令，启动"邮件合并"任务窗格。

② 在"邮件合并"任务窗格——"选择文档类型"中，保持默认设置"信函"，然后单击"下一步：正在启动文档"。

③ 在"邮件合并"任务窗格——"选择开始文档"中，保持默认设置"使用当前文档"，然后单击"下一步：选择收件人"。

④ 在"邮件合并"任务窗格——"选择收件人"中，保持默认设置"使用现有列表"，单击"浏览"按钮，在打开的"选取数据源"对话框中选择"笔试成绩单源数据. xlsx"，单击"打开"按钮，弹出"选择表格"对话框，如图 3－109 所示，选择"笔试成绩表"，单击"确定"按钮。

图 3－109　选择数据表

⑤ 在打开的"邮件合并收件人"对话框中，如图 3－110 所示，保持默认设置，然后单击"确定"按钮，关闭对话框。

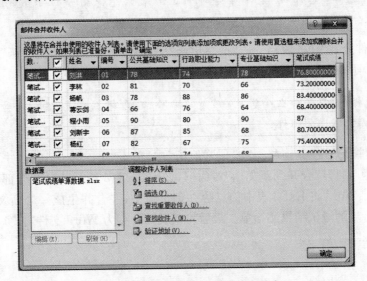

图 3－110　设置邮件合并收件人信息

> **说明：** 在"设置邮件合并收件人"对话框中，可以筛选出部分记录进行合并，也可以在合并的同时对记录排序。单击字段名右侧的箭头可以进行快速排序。

⑥ 在"邮件合并"任务窗格——"选择收件人"中，继续单击"下一步：撰写信函"。

⑦ 在"邮件合并"任务窗格——"撰写信函"中，单击"其他项目"，打开"插入合并域"对话框，如图 3 - 111 所示，选择"姓名"，单击"插入"按钮，然后单击"关闭"按钮，可见光标所在位置插入了"姓名"域。继续将光标定位在表格的对应位置，插入"编号"等其他域。

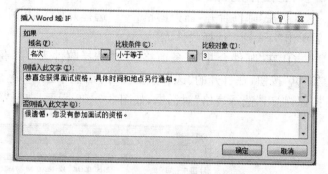

图 3 - 111 "插入合并域"对话框　　　　**图 3 - 112** 插入 Word 域：IF"对话框

⑧ 将光标定位在主文档末尾"参加面试，"后，单击"编写和插入域"组中的"规则"按钮，选择"如果……那么……否则……"菜单命令，打开"插入 Word 域：IF"对话框，设置如图 3 - 112 所示。对于名次在前三位的考生，显示文字"恭喜您获得面试资格，具体时间和地点另行通知。"，否则显示"很遗憾，您没有参加面试的资格。"，单击"确定"按钮。

> **提示：** 对于数值，如果想保留两位小数，可以选中该域，右击鼠标，选择"切换域代码"菜单命令，在已经存在的域代码尾部输入"\＃"0.00""（注意是在大括号内），然后继续右击鼠标，选择"更新域"菜单命令即可。如果只想保留一位小数，则输入"\＃"0.0""。

⑨ 在"邮件合并"任务窗格——"撰写信函"中，单击"下一步：预览信函"，此时，可通过"邮件合并"选项卡的"预览结果"组中的按钮逐一浏览合成后的文档内容。

> **说明：** 选择"如果…那么…否则…"菜单命令，可以根据需要，由一个主文档和一个数据源合成内容不同的邮件。

⑩ 在"邮件合并"任务窗格——"预览信函"中，单击"下一步：完成合并"，再继续单击"编辑单个信函"，打开"合并到新文档"对话框，如图 3 - 113 所示，选中"全部"单选按钮，单击"确定"，此时 Word 将 Excel 表中信息合并到正文中，并合并生成一个新文档，新文档中包含了 10 个考生的考试结果通知单。最后将该文档另存为 Word 文件"公务员考试笔试结果通知单.docx"。

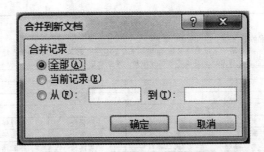

图 3 - 113 "合并到新文档"对话框

四、实战练习和提高

1. 邀请函的制作

某高校在不久前结束的全国"互联网＋"大学生创新创业大赛中取得佳绩,为了总结经验,在未来的大赛中取得更多、更好成绩,拟举办一场经验交流会,邀请部分专家和老师给在校学生做报告,因此,校学生会外联部需制作一批邀请函,并分别递送给相关的专家和老师。

请按如下要求,完成邀请函的制作

(1) 打开"邀请函"文件夹中的文件"邀请函主文档. docx",调整文档版面,设置页面高度 18 厘米、宽度 30 厘米,上、下页边距 2 厘米,左、右页边距 3 厘米。

(2) 将图片文件"背景图片. jpg"设置为邀请函背景。

(3) 打开"邀请函"文件夹中的文件"邀请函参考样式. docx",参照其中图片调整邀请函中内容文字的字体、字号和颜色。

(4) 调整邀请函中内容文字段落对齐方式。

(5) 根据页面布局需要,调整邀请函中的段落间距。

(6) 在"尊敬的"和"(老师)"两组文字之间,插入拟邀请的专家和老师的姓名,拟邀请的专家和老师的"姓名"信息在 Excel 工作簿文件"通讯录. xlsx"中。每页请函中只能包含 1 位专家或老师的姓名,所有的邀请函页面另外保存在一个名为"Word 邀请函"的 PDF 文件中。

(7) 邀请函文档制作完成后,保存"邀请函主文档. docx"文件。

2. 工资单的制作和发送

工资在任何企业都是非常敏感的话题,所以为了保密和避免不必要的麻烦,工资信息一定不能群发,只能单独发放。按照以下步骤,制作合成每个员工的工资单,并发送到他们的邮箱中。

(1) 打开"工资单"文件夹中的 Word 文档"工资明细通知单主文档. docx"。

(2) 启动"邮件合并分布向导",按照向导的指导,以工作簿文件"工资单源数据. xlsx"中"工资明细"工作表为数据源,在主文档中插入 Word 域,结果如图 3 - 114 所示。

工资明细通知单

亲爱的 《姓名》 ：您好！

感谢您一直以来的辛勤付出！以下为2018年1月工资明细，工资已经于2018年2月5日发放至您指定的银行账户。请查收！

员工信息			
姓名	《姓名》		
部门	《部门》		
应发项目		代扣项目	
岗位工资	《岗位工资》	医疗保险	《医疗保险》
薪级工资	《薪级工资》	失业保险	《失业保险》
岗位津贴	《岗位津贴》	养老保险	《养老保险》
生活补贴	《生活补贴》	职业年金	《职业年金》
绩效津贴	《绩效津贴》	会费	《会费》
		公积金	《公积金》
		其他代扣	《其他代扣》
应发合计	《应发工资》	代扣合计	《代扣合计》
实发项目			
实发工资		《实发工资》	

备注：

实发工资=应发合计-代扣合计

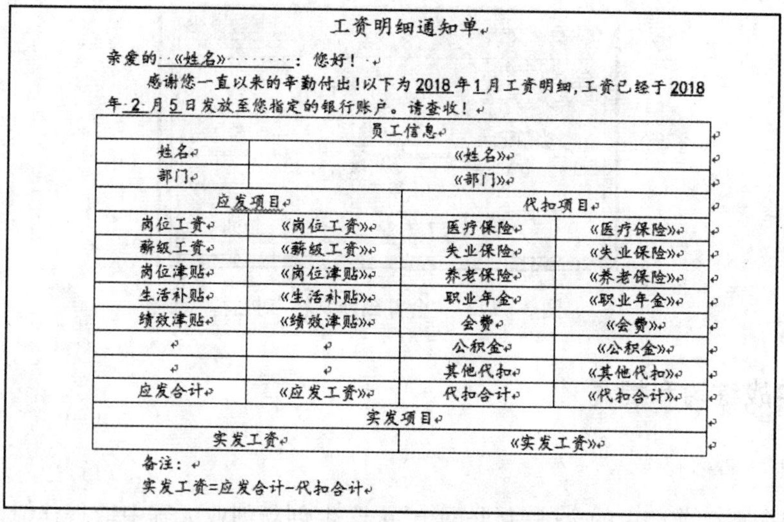

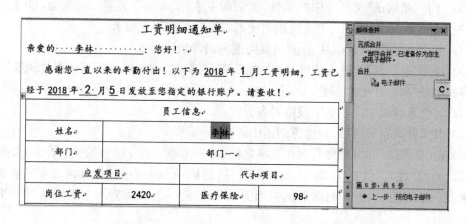

图 3-114 插入 Word 域后的主文档

(3) 继续单击“下一步 完成合并”，打开“邮件合并——完成合并”对话框，如图 3-115 所示。在其中，单击“电子邮件”，打开“合并到电子邮件”对话框。

图 3-115 “邮件合并——完成合并”对话框

说明：如果在“邮件”选项卡的“完成”组中，单击“完成并合并”按钮，选择“编辑单个文档”，可以如项目 5 操作指导步骤⑩所示，将邮件合并为一个新文档。

(4) 在“合并到电子邮件”对话框中，设置“收件人”为“电子邮箱”，在“主题行”中输入“2018 年 2 月份工资单”，设置“邮件格式”为“HTML”，如图 3-116 所示。单击“确定”按钮，系统将自动启动 Outlook 并开始后台自动发送。

在完成上述操作后，如果“工资单源数据. xlsx”中“电子邮箱”列存储的是自己的邮箱地址，则可以登录邮箱查看发送结果。

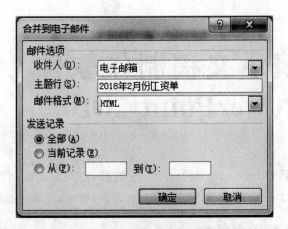

图 3-116 "合并到电子邮件"对话框

提示：如果在"邮件格式"下拉列表中选择"附件"，工资单将以附件形式发至每个员工的指定邮箱。请试一试。

模块 4 演示文稿制作软件 PowerPoint 2010

PowerPoint 2010 是 Office 2010 中的一个重要成员,使用它能够制作出集图形、文字、声音、视频等多媒体元素于一体的幻灯片文件,是一种演讲、教学、产品演示的有效的辅助工具。

一、PowerPoint 2010 新特性

和以往的版本相比,PowerPoint 2010 整体风貌发生的较大的变化,在功能方面,除了延续以往版本的比较传统的功能之外,还增加了许多新的功能,尤其是在图片、视频的处理上。PowerPoint 2010 的新特性如下:

① 更多视频功能。可以直接在 PowerPoint 2010 文件中嵌入、编辑、播放视频,可以通过设定(调节)开始和终止时间剪辑视频,可以自动压缩视频文件的容量。除此之外,PowerPoint 2010 还可以将演示文稿直接转换成视频文件。

② 更多的图片处理功能。可以对图片应用不同的艺术效果,可以移除图片背景和其他不需要的部分,通过新增屏幕截图功能,可轻松截取、导入所需图片,通过新增的 SmartArt 图形图片布局可以快速创建形象的图表演示文稿。

③ 更多的动画功能。通过新增的"动画格式刷",可以将一个对象的动画效果应用到其他对象上,通过新增的切换效果,可以实现真正的三维动画的路径和旋转的切换效果。

④ "广播幻灯片"功能,通过 Windows Live 或者一个本地配置的广播服务器,实现允许一个或多个远程的用户在 Web 浏览器中观看该幻灯片。

二、PowerPoint 2010 使用基础

(一) PowerPoint 2010 操作界面

启动 PowerPoint 2010 后,操作界面如图 4-1 所示。

1. 控制和功能区域

控制和功能区域内容包括快速访问工具栏、标题栏、"文件"选项卡、帮助按钮和功能区。单击快速访问工具栏中的按钮,即可直接执行相应的命令。

2. 幻灯片编辑区

幻灯片编辑区域包括"幻灯片/大纲"窗格、幻灯片窗格和备注窗格。"幻灯片/大纲"窗格又包括"幻灯片"和"大纲"两个选项卡。在普通视图模式下,选择"幻灯片"选项卡可以以缩略图的形式显示幻灯片,选择"大纲"选项卡可以显示幻灯片的文本。幻灯片窗格是整个操作界面中最重要的部分,是用户制作、编辑幻灯片的区域。备注窗格用来输入一些当前幻

灯片的备注信息。

控制和功
能区域 ————

幻灯片编
辑区域 ————

状态栏
区域 ————

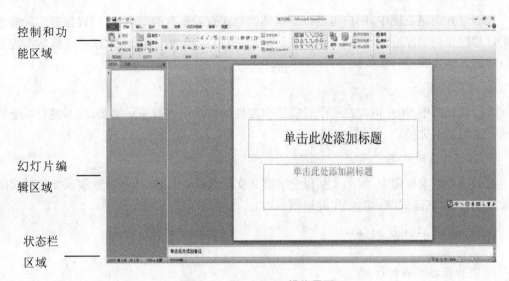

图 4-1 PowerPoint 操作界面

3. 状态栏区域

状态栏区域用于显示当前幻灯片的页数,整个演示文稿的总页数、该幻灯片使用的主题、当前使用的输入法、视图按钮和显示比例等。用户也可以在状态栏上右击,通过弹出的"自定义状态栏"快捷菜单定制自己所需的状态。

(二) PowerPoint 2010 的视图方式

为了给用户制作幻灯片和演示文稿提供更多更完善的帮助,PowerPoint 2010 提供了 4 种不同的视图方式:普通视图、幻灯片浏览视图、阅读视图和幻灯片放映视图。这 4 种不同的视图方式可以通过状态栏中的"视图"按钮或"视图"选项卡"演示文稿视图"组中的按钮进行切换。

1. 普通视图

普通视图是最主要的编辑视图,主要用于幻灯片的编辑制作。在普通视图中可以对大纲、幻灯片和备注进行操作。

在此视图下,单击"幻灯片/大纲"窗格中的"幻灯片"选项卡,则在此窗格中以缩略图的形式显示所有的幻灯片,用户可以通过浏览缩略图了解整个幻灯片的实际效果,可以根据需要添加、删除幻灯片。单击"大纲"选项卡,该窗格的尺寸变大,显示每张幻灯片的文本,每张幻灯片中的标题都以粗体的形式显示。在此选项卡中,用户也可以根据自己的需要调整幻灯片的次序,或者添加、删除幻灯片。

在幻灯片窗格中,可以对每一张幻灯片进行单独地制作和编辑,添加文本、图片、视频、音频、图表、超链接等。同时,用户可以根据自己的实际需要对图片、视频进行编辑、设计动画效果。

在备注窗格中,可以对每一张幻灯片进行一些解释性或提示性的说明,这些说明在实际放映时不会出现。

2. 幻灯片浏览视图

在幻灯片浏览视图中,用户可以以缩略图的形式查看所有的幻灯片,可以根据实际需求对幻灯片的排列顺序进行调整,可以隐藏幻灯片,也可以增加或者删除幻灯片,但是不能对幻灯片的具体内容进行修改。

3. 阅读视图

在阅读视图中,用户可以在一个带有简单控件的窗体中查看演示文稿,而不需要在全屏方式下放映演示文稿。

4. 幻灯片放映视图

在幻灯片放映视图中,演示文稿以全屏方式实际放映,可以让用户看到演示文稿的实际放映效果,通常在正式演示时使用此视图。

(三) 演示文稿的创建

1. 空白演示文稿的创建

启动 PowerPoint 2010 后,系统将自动创建一个默认名为"演示文稿 1"的空白演示文稿;在已启动的 PowerPoint 2010 操作界面上,单击"文件"菜单命令,在下拉菜单中选择"新建"命令可以创建一个空白演示文稿。

2. 幻灯片版式的设置

幻灯片版式是指幻灯片内容在幻灯片上的排列方式。幻灯片的内容包括文本、表格、图表、图片、形状和剪贴画等,这些内容均置于占位符中,所以版式也可以理解为占位符中的内容及其在幻灯片中的排列方式。

PowerPoint 2010 内部已经内置了"标题幻灯片"、"标题和内容幻灯片"等多种类型的幻灯片版式,在创建空白演示文稿后,在"开始"选项卡中单击"幻灯片"组的"版式"按钮,可以根据需要为每张幻灯片设置合适的版式,并在不同的占位符中输入相应的内容,如图 4-2 所示。当然也可以对设定版式的幻灯片进行修改,比如删除不需要的占位符,增加占位符,移动占位符等,通过这些操作,灵活地制作自己需要的演示文稿。

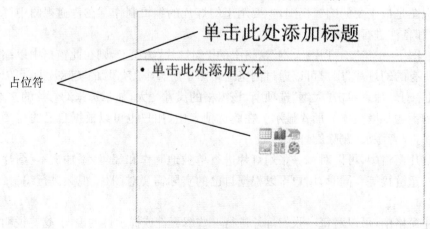

图 4-2 "标题和内容"版式幻灯片中的占位符

提示：① 如果不为空白演示文稿选择幻灯片版式，系统默认选取的是"标题幻灯片"。② 占位符是定义对象大小与位置的边界线，位于幻灯片版式内，起规划幻灯片结构的作用。占位符中可以包含文本、表格、图表、剪贴画、图片、SmartArt、视频、声音等对象。幻灯片版式中的提示文字在幻灯片放映或打印时不显示。

（四）幻灯片的操作

幻灯片的操作包括幻灯片的插入、删除、移动、复制和幻灯片内容的编辑。

1. 幻灯片的插入

在"开始"选项卡中单击"新建幻灯片"按钮，插入一张和当前幻灯片版式完全一致的新幻灯片（除"标题"幻灯片外，如当前幻灯片为"标题"幻灯片，则插入一张"标题和内容"幻灯片），如果在"开始"选项卡中单击"新建幻灯片按钮"，则打开"默认设计模板"菜单，根据需要自行选择，可插入一张自选版式的新幻灯片。

2. 幻灯片内容的编辑

一张幻灯片上可以包含文字、图片、声音、图表、表格、视频等内容，这些内容可以在占位符中直接插入，也可以通过"插入"选项卡中的命令按钮来完成。和 Office 办公套件中的 Word 软件不一样的是，幻灯片中文字的编辑必须通过文本框来实现。文本框中的文字可以通过相应的菜单命令进行字体、字号、颜色、段落格式等设置。对于图片、声音、表格、视频等内容，PowerPoint 2010 也提供了相应的菜单命令对其进行编辑。

项目一　单页个人简历演示文稿

一、内容描述和分析

1. 内容描述

创建一个仅仅包含一页幻灯片的演示文稿文件，通过合理设置页面，适当插入图形，在幻灯片中充分展示个人信息、个人经历以及联系方式等，打印后可以作为求职简历直接提交给用人单位。

2. 涉及知识点

幻灯片的创建，页面的设置，幻灯片上文字的编辑和图片的插入，以及幻灯片模板和母板的创建和使用。

3. 注意点

在制作幻灯片时，要注意幻灯片页面大小的设置，由于需要打印，因此设置为 A4 或者 16K 为宜；由于只有单页，因此设计内容时要注意在传达基本信息的同时，突出与应聘岗位相匹配的亮点；在整体风格上不可过于花哨，做到简洁醒目。

二、相关知识和技能

1. 使用模板

模板是一张或一组幻灯片的图案或蓝图,它可以包含版式、主题颜色、主题字体、效果和背景样式,甚至可以包含内容。用户在制作幻灯片时可以私用模板。PowerPoint 2010 提供了种类繁多、样式各异的模板,包括内置模板、自定义模板和网络模板。

单击"文件"选项卡,在下拉菜单中选择"新建"选项,界面右侧弹出如图 4-3 所示的"可用的模板和主题"窗口,用户可以通过以下几种方法之一创建新的演示文稿。

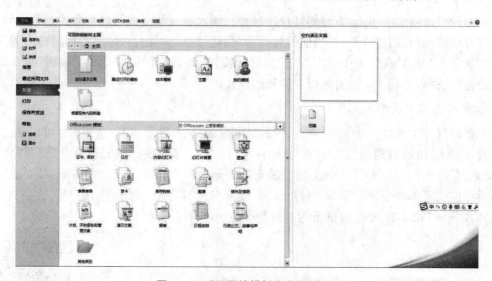

图 4-3 "可用的模板和主题"窗口

(1) 双击"空白演示文稿"选项或单击"空白演示文稿 | 创建"选项,创建一个空白演示文稿。

(2) 单击"最近打开的模板"选项后,可从弹出的最近使用的模板中选择所需的模板来创建新的演示文稿。单击"样本"选项卡后,可从弹出的窗口中选择所需的样本模板来创建新的演示文稿。

(3) 单击"主题"选项卡后,可从弹出的窗口中选择所需的主题模板来创建新的演示文稿。

(4) 单击"我的模板"选项卡后,可从弹出的"新建演示文稿"对话框中选择所需的事先保存硬盘上的模板来创建新的演示文稿。

(5) 单击"根据现有内容新建"选项卡后,可从弹出的"根据现有演示文稿新建"对话框中已经存在的演示文稿设计模板里选择所需的模板来创建新的演示文稿。

除了以上介绍的模板以外,用户还可以使用"可用的模板和主题"窗口下方的"Office. com 模板"区域中的选项,这是 Office. com 提供的免费网络模板。

2. 演示文稿主题设计

为了使整个演示文稿拥有一致、协调的风格,在编辑具体幻灯片之前,可先对幻灯片的主题进行设计。主题设计包括背景样式、主题颜色、主题字体和主题效果几个方面。

（1）背景样式

背景不仅可以是某种颜色，还可以是图片、纹理、图案等。在"设计"选项卡中单击"背景样式"，在弹出的如图 4-4 所示的下拉列表中选中需要的背景样式，就可以使其应用于幻灯片中。若下拉列表框中没有满意的背景样式，可以单击"设置背景格式"命令，在打开的如图 4-5 所示的"设置背景格式"对话框中自定义背景样式，定义好背景样式后，单击"全部应用"按钮，使自定义的背景样式应用于所有幻灯片。

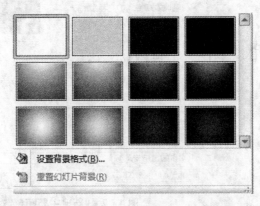

图 4-4　背景样式

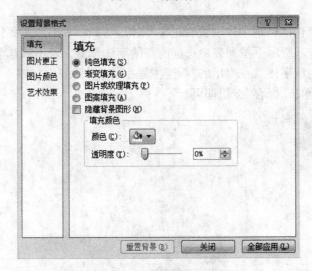

图 4-5　"设置背景格式"对话框

（2）主题颜色

主题颜色指幻灯片中背景、文字、强调文字、超链接等元素的色彩配置方案，它对演示文稿的外观修改最为明显。用户可以直接使用 PowerPoint 2010 提供的主题颜色，也可以自定义主题颜色。

使用主题颜色的方法是：在"设计"选项卡中单击"颜色"选项，在打开的如图 4-6 所示的下拉列表中选择某种主题颜色；若不满意下拉列表中提供的主题颜色，可以单击"新建主题颜色"命令，在打开的如图 4-7 所示的"新建主题颜色"对话框中自定义主题颜色，定义好后单击"保存"按钮。

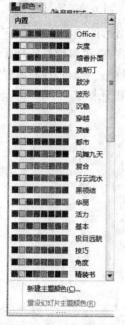

图 4-6 主题颜色

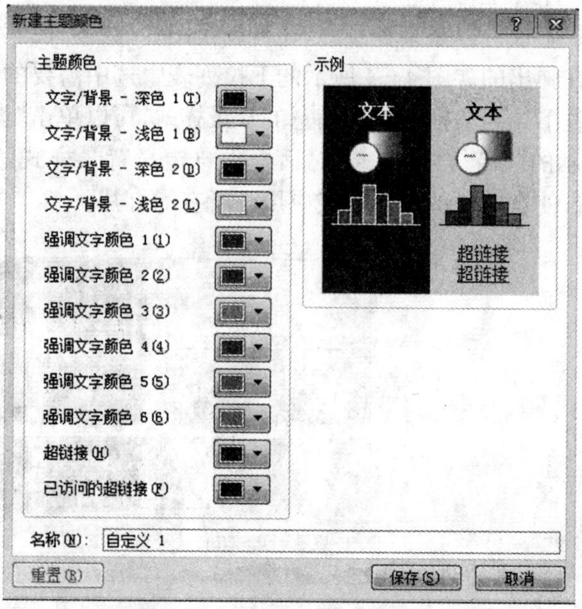

图 4-7 "新建主题颜色"对话框

（3）主题字体

主题字体的设置包括标题字体设置和正文字体设置，在"设计"选项卡中单击"字体"选项，在打开的如图 4-8 所示下拉列表中选择所需的字体设置。若不满意系统内置的字体设置，可以单击"新建主题字体"，在弹出的"新建主题字体"对话框中如图 4-9 所示自定义所需的字体，定义好后单击"保存"按钮即可。

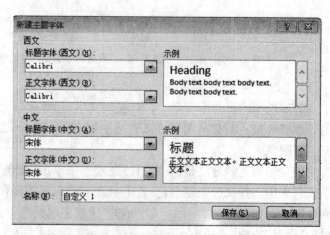

图 4-8 字体设置

图 4-9 "新建主题字体"对话框

（4）主题效果

使用主题效果会将指定的效果应用于图表、SmartArt 图形、形状、图片、表格、艺术字和文本等对象中。在"设计"选项卡"主题"组中单击"效果"按钮，在打开的下拉列表中选择所需的主题效果，即可完成效果应用。目前主题效果尚不能自定义。

3. 幻灯片母版

幻灯片母版是幻灯片层级结构中的顶层幻灯片，存储了演示文稿主题和幻灯片版式的信息，包括文本和对象在幻灯片上的位置、文本和对象占位符的大小、文本样式、背景设计以及主题颜色、效果和动画等。母版是一种特殊格式的幻灯片，可以控制基于它创建的所有幻灯片，对母版的任何修改都会体现在对应的幻灯片中。只有打开幻灯片母版才能修改母版中的内容。使用幻灯片母版，可以给幻灯片设置大致的框架，统一的风格，并且制作出所需的幻灯片模板。

在"视图"选项卡下，单击"幻灯片母版"可以在"幻灯片母版"选项卡下为不同版式的幻灯片设置所需的幻灯片母版，设置完成后，单击"关闭母版视图"即可退出幻灯片母版的设置，如图 4-10 所示。

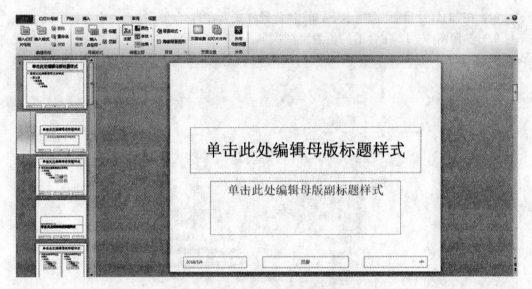

图 4-10　幻灯片母版设置

三、操作指导

单页个人简历演示文稿中包括个人信息、联系方式、应聘职位和过往经历等内容。

下载压缩文件"PPT 项目 1 资源"并解压缩，打开文件"样张 1. pdf"，参照其按照如下步骤操作。

1. 创建演示文稿

启动 PowerPoint 2010，自动创建一个默认名为"演示文稿 1"的空白演示文稿；单击"设计"选项卡下"幻灯片"组中"版式"按钮，选择"空白"版式。

2. 演示文稿页面设置

单击"设计"选项卡"页面设置"组中的"页面设置"按钮,在弹出的"页面设置"话框中将幻灯片大小设置为"A4 纸张",方向设置为"纵向",如图 4-11 所示。

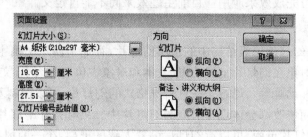

图 4-11 "页面设置"对话框

3. 创建幻灯片母版

单击"视图"选项卡"母版视图"组中的"幻灯片母版"按钮,编辑幻灯片母版,操作步骤如下:

(1) 在"幻灯片母版"选项卡下,单击"背景样式",在打开的下拉列表中选择"样式 2"。

(2) 参照图 4-12 在合适的位置上依次插入"PPT 项目 1 资源"文件夹中的图片文件 pic1. png,pic2. png,pic3. png,pic4. png,pic5. png,完成后单击"关闭母版视图"按钮。

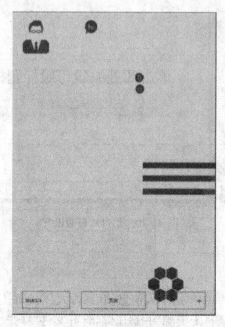

图 4-12 母版设计

4. 编辑幻灯片

幻灯片编辑效果如图 4-13 所示,操作步骤如下:

(1) 在幻灯片左上角图片右侧插入一个文本框,输入文字"王刚",设置字体为"微软雅黑,24 号,加粗",并将文本框线条颜色设置为"无线条"。

图 4‑13　单页个人简历

（2）在该文本框下方再插入一个文本框，输入文字"Tom Wang"，字体和文本框格式同（1），文字颜色设置为"橙色，强调文字颜色 6，深色 25％"。

（3）在幻灯片的右上角插入一个文本框，输入标题文字"应聘职位"，设置字体为"微软雅黑，16 号，加粗"，并将文本框线条颜色设置为"无线条"。

（4）在"插入"选项卡中单击"形状"按钮，选择"直线"，在"应聘职位"文本框下方插入长度合适的黑色线条。

（5）在黑色线条下方插入文本框，输入如"样张 1.pdf"所示文字，将字体设置为"微软雅黑，18 号"，并将文本框线条颜色设置为"无线条"。

（6）参照"样张 1.pdf"，用同样的方式输入其余文字，标题格式设置同（3），其余文字格式为"微软雅黑，12 号"，并将部分文字的颜色设置为"橙色，强调文字颜色 6，深色 25％"。

5. 打印预览

单击"文件"菜单项，在下拉菜单中单击"打印"，在打开的页面中预览打印效果。

6. 保存演示文稿

将该演示文稿文件保存为"简介.pptx"。

四、实战练习和提高

按照如下操作步骤制作一份效果如图 4‑14 所示的学生会招聘模板文件。

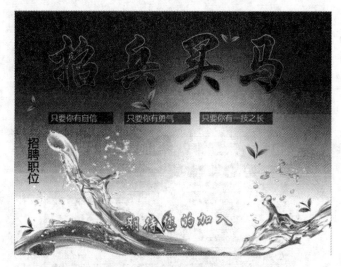

图 4-14　招聘模板

1. 创建演示文稿文件,并设置版式和大小

新建演示文稿文件,并将幻灯片版式设置为"空白",幻灯片大小设置为 A3。

2. 招聘模板的母版设置

单击"视图"选项卡"母版视图"组中的"幻灯片母版"按钮,在"幻灯片母版"选项卡中设置母版格式。

(1) 设置背景样式,将图片文件 pic6.jpg 设置为背景,并将图片颜色饱和度设置为 33%。

(2) 在母版合适位置插入艺术字"招兵买马",设置字体格式为"华为行楷,96 号字";设置艺术字样式为"填充—橙色,强调文字颜色 6,渐变轮廓,强调文字颜色 6";文本填充格式为"纹理填充,绿色大理石";文本效果为"转换—弯曲—正方形";艺术字高度为 6.4,宽度为 26.4。

(3) 插入三个文本框,将文本框设置为纯色填充,透明度 50%,并依次输入文本"只要你有自信"、"只要你有勇气"和"只要你有一技之长",文本框的字体格式设置为"微软雅黑,25 号字,橄榄色,强调文字颜色 3,淡色 60%"。

(4) 插入一个竖排文本框,输入"招聘职位",并将字体设置为"微软雅黑,36 号字"。

(5) 在底端插入一行艺术字"期待您的加入",设置艺术字样式为"填充—橙色,强调文字颜色 6,渐变轮廓,强调文字颜色 6",文本效果为"转换—弯曲—波形 2"。

(6) 将文件保存为模板文件:招聘模板.potx。

【微信扫码】
PPT 项目 2 资源

项目二 个人简历演示文稿

一、内容描述和分析

1. 内容描述

个人简历是求职者向用人单位展现自己的基本方式，在制作求职简历演示文稿时应做到内容清晰、层次分明，图文并茂充分展示自己的特点，引起用人单位的好感，提高自己的成功几率。个人简历演示文稿内容包括个人信息、所获荣誉、岗位认知等。

2. 涉及知识点

文字、图片、形状以及 SmartArt 对象的编辑；动画设置；模板的使用；幻灯片的放映。

3. 注意点

一份高质量的个人简历能够极大地提高求职成功的几率，在制作个人简历时应注意：① 整体风格简洁醒目，图文并茂，但不可过于花哨；② 内容务实，有针对性，表达准确；③ 设置恰当的动画效果和幻灯片切换方式，避免视觉疲累。

二、相关知识和技能

1. 幻灯片中图片、形状和 SmartArt 图形的操作

（1）编辑图片

要在幻灯片中插入一副来自文件的图片，可以在"插入"选项卡"图像"组中单击"图片"按钮，也可以通过单击幻灯片上的"图片占位符"按钮 来实现。插入图片后，可以通过鼠标调整图片的大小，也可以选中图片后，在"图片工具|格式"选项卡中单击"大小"组中的"剪裁"按钮，将图片剪裁成各种形状。在该选项卡中，还提供了删除背景、设置图片颜色和艺术效果、设置图片样式以及图片排列等一系列编辑方式，如图 4 - 15 所示。

图 4 - 15 "图片工具|格式"菜单栏

（2）编辑形状

在"插入"选项卡"插图"组中单击"形状"按钮，可以在打开的下拉列表中选择包括动作按钮在内的各种形状。在"绘图工具|格式"选项卡的"形状样式"组中可以对图形样式、效果进行设置。选中"形状"，单击鼠标右键，选择快捷菜单中的"编辑文字"命令，可以在形状上添加文字。

（3）SmartArt 图形

● SmartArt 图形是为了让用户将设计更便捷地转换为图形而设计的，是信息和观点

的视觉表示形式。SmartArt 图形包括图形列表、流程图和组织结构图等几类。

① 插入 SmartArt 图形

在"插入"选项卡中单击"SmartArt"按钮或者单击幻灯片上的"插入 SmartArt 图形占位符"按钮 ，弹出如图 4-16 所示的"选择 SmartArt 图形"对话框，在对话框中选择所需的样式，单击"确定"按钮，即可将所选中的 SmartArt 图形插入幻灯片。

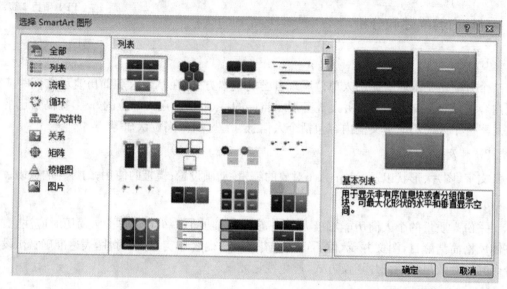

图 4-16 "选择 SmartArt 图形"对话框

② 添加文字

仅有 SmartArt 图形而没有文字不能满足用户需求的，SmartArt 图形往往需要和文字结合才能明确表达用户观点。在"SmartArt 工具|设计"选项卡中单击"文本窗格"按钮，在弹出的如图 4-17 所示的对话框中输入需要的文字，也可以单击 SmartArt 图形中的"文本占位符"进行文字添加，如图 4-18 所示。添加文字后，可以在"SmartArt 工具|格式"选项卡中对 SmartArt 图形中的形状和文字分别进行格式设置。

图 4-17 "在此处键入文字"对话框

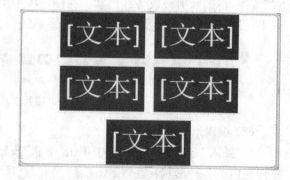

图 4-18 SmartArt 图形文本占位符

③ 修改 SmartArt 图形

若对所插入的 SmartArt 图形不满意，可以对该图形进行修改。选中需要修改的 SmartArt 图形，在"SmartArt 工具|设计"选项卡中可以对该图形的颜色、样式、布局、形状

等进行修改；也可以选中需要修改的 SmartArt 图形后单击鼠标右键，在弹出的快捷菜单中实现对 SmartArt 图形的修改。

> **提示**：用户若要将一张制作好的幻灯片整体转换成 SmartArt 图形，在"开始"选项卡中单击"转换为 SmartArt"选项即可实现。同样，也可以将一个编辑好的 SmartArt 图形转换成文本，方法是在"SmartArt 工具｜设计"选项卡中单击"转换"按钮，然后在下拉菜单中选择"转换为文本"即可。

2. 幻灯片中的动画操作

动画就是赋予幻灯片上的对象进入、退出、强调、沿某种路径移动等视觉动态效果，提高观众对演示文稿的兴趣。

（1）创建动画

在幻灯片上选定需要设置动画效果的对象，在"动画"选项卡的"动画"组中直接选择所需的动画效果，也可以单击"添加动画"按钮，在弹出的下拉列表中选择。若不满意列表框中的动画效果，可以在此下拉列表中选择其他命令对动画进行自定义。单击"动画"组中的"触发"按钮，可以设定动画的触发机制。

（2）预览和编辑动画

为幻灯片上的对象设置动画效果后，单击"动画"选项卡中"高级动画"组中的"动画窗格"按钮，可以打开如图 4-19 所示的"动画窗格"对话框，查看幻灯片上所有动画设置情况，包括动画排列次序、动画类型、动画开始时间以及持续时长等，同时也可以对这些设置进行调整，并删除不需要的动画效果。对动画效果的预览，可以通过单击对话框中的"播放"按钮实现。

使用类似格式刷的动画刷，可以将幻灯片上一个对象的动画效果复制到另一个对象上。方法是选定已经设置好动画效果的对象，在"动画"选项卡"高级动画"组中单击"动画刷"按钮，然后再单击需要使用该动画效果的对象，即可实现动画效果的复制。

图 4-19 "动画窗格"对话框

3. 幻灯片的切换

幻灯片的切换是指演示文稿播放时，幻灯片进入和离开的方式。在幻灯片切换过程中加入动画，将使整个演示文稿在播放时更加生动有趣。

选定需要设置切换效果的幻灯片，在"切换"选项卡"切换到此幻灯片"组的列表中选择所需的切换形式，如图 4-20 所示；也可单击"切换到此幻灯片"组中的其他按钮，打开如图 4-21 所示的下拉列表，在此列表中选择所需的幻灯片切换效果。单击"切换"选项卡中的"全部应用"按钮，可以将设置好的幻灯片切换效果应用于整个演示文稿。

图 4-20 "切换到此幻灯片"列表框

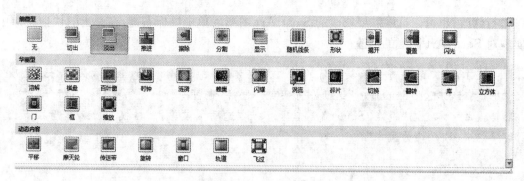

图 4 - 21　切换样式

在"切换"选项卡中还可以实现对幻灯片切换持续时间、有无声音、换片方式等的编辑。单击"预览"组中的"预览"按钮，可以预览切换效果。

3. 幻灯片的放映

PowerPoint 2010 提供了三种放映方式：演讲者放映、观众自行浏览和展台浏览方式。演讲者放映方式是指由演讲者一边讲解一边放映幻灯片，在此方式下幻灯片是以全屏方式播放的；观众自行浏览是指由观众自己动手浏览幻灯片，此方式下幻灯片不是以全屏形式播放，而是在一个小窗口中播放；在展台上浏览方式是让幻灯片自行放映，不需要演讲者或观众动手，此方式下幻灯片也是以全屏方式播放的。

（1）设置放映方式

在"幻灯片放映"选项卡中单击"设置"组中的"设置幻灯片放映"按钮，弹出如图 4 - 22 所示"设置放映方式"对话框。在此对话框中可以设置放映方式、放映时是否使用激光笔、换片方式以及放映幻灯片的张数等。

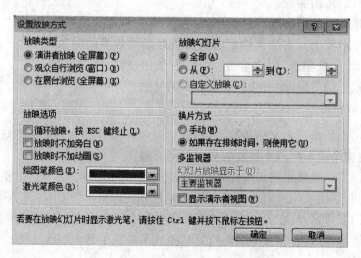

图 4 - 22　"设置放映方式"对话框

（2）设定放映时间

幻灯片放映时间可以由人工设定，也可以在放映之前使用排练计时进行统计。幻灯片放映时间的人工设定可以通过"切换"选项卡中的"设置自动换片时间"来实现。使用排练计时统计幻灯片放映时间时，在"幻灯片放映"选项卡中单击"排练计时"选项，系统将切换到放映模式并弹出"录制"对话框,幻灯片放映时,"录制"对话框自动统计放映时间。当幻灯片放映完成后,弹出如图 4-23 所示的对话框,提示放映总时间,单击"是"或者"否"按钮,结束排练计时。

图 4-23 提示信息

三、操作指导

下载压缩文件"PPT 项目 2 资源",并解压缩。启动 PowerPoint 2010,创建一个默认名为"演示文稿 1"的空白演示文稿,然后参照"样张 2. pdf"文件,按以下步骤完成演示文稿的制作。

1. 封面幻灯片制作

新建的空白演示文稿包含一张系统默认版式的幻灯片,该幻灯片的版式为"标题",封面幻灯片的制作效果如图 4-24 所示,具体操作步骤如下:

图 4-24 封面幻灯片

(1) 单击"设计"选项卡"页面设置"组中"页面设置"按钮,在弹出的对话框中将幻灯片大小设置成"35 毫米幻灯片"。

(2) 单击"插入"选项卡"插图"组中的"形状"按钮,选中"星与旗帜|横卷形",在"标题"占位符处插入如图 4-24 所示的横卷形;在"绘图工具|格式"选项卡"形状样式"组中,单击"其他"按钮,在打开的列表中,选择"细微效果—橙色,强调颜色 6";单击"形状效果"按钮,选择"发光"命令,在打开的列表中选择"橄榄色,8pt 发光,强调文字颜色 3"。

(3) 在幻灯片中选中"横卷形"形状,右击鼠标,在弹出的快捷菜单中选择"编辑文字"命令,输入"个人简历";在"开始"选项卡"字体"组中将所输入的文字格式设置为:华文隶书,48号字,字间距加宽 5 磅;选中输入的文字,在"绘图工具|格式"选项卡"艺术字样式"组中,单

击"其他"按钮 ,在打开的列表中选择"应用于所选文字"下的"填充—橄榄色,强调文字颜色3,轮廓—文本2"。

(4)单击"副标题占位符",输入如图4-24所示文字;选中第一行文字,将格式设置为:楷体,28号字,橄榄色,强调文字颜色3,深色25%;选中第二行文字,将格式设置为:楷体,20号字,橄榄色,强调文字颜色3,深色25%;将两行文字的段间距设置为"双倍行距"。

(5)选中幻灯片中的"横卷形",在"动画"选项卡"动画"组中单击"形状"按钮,完成动画效果设置;选中文字"感谢您的翻阅",在"动画"选项卡"动画"组中单击"淡出"按钮;使用同样的方法为文字"期待加入贵公司"设置"淡出"动画效果。

(6)在"设计"选项卡"主题"组中,单击"其他"按钮 ,在弹出的列表中选择"浏览主题"命令,打开"选择主题或主题文档"对话框,在对话框中选择"PPT项目2资源"文件夹中的"求职"主题。

(7)在"切换"选项卡"切换到此幻灯片"组中,单击"其他"按钮 ,在打开的列表中选择"立方体",为幻灯片设置切换效果;单击"切换"选项卡"计时"组中的"全部应用"将该切换效果应用到整个演示文稿;在"计时"组中将换片方式从默认的"单击鼠标时"更改成"设置自动换片时间",换片时间设置成2秒钟,如图4-25所示。

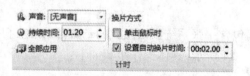

图4-25 设置换片时间

2. 目录页幻灯片制作

目录页幻灯片通常用于显示演示文稿文件的基本结构。在"开始"选项卡"幻灯片"组中,单击"新建幻灯片"按钮,在列表中选择"标题和内容",插入一张"标题和内容"版式的幻灯片。目录页幻灯片效果如图4-26所示,具体操作步骤如下:

图4-26 目录幻灯片

(1)单击"标题"占位符,输入文字:个人简历,并将文字格式设置为:华文隶书,54号字,字间距加宽 5 磅,橄榄色,强调文字颜色 3,深色 25%。

（2）单击"内容"占位符中的"插入 SmartArt 图形"按钮,或者单击"插入"选项卡"插图"组中的"SmartArt"按钮,在弹出的"选择 SmartArt 图形"对话框中选择"垂直图片重点列表",添加如图 4-26 所示的 SmartArt 图形;参照图 4-26 输入文字,并将文字格式设置为"华文楷体,40 号";单击图形项目列表左端的圆形图案中的"图片"图标,打开"插入图片"对话框,选择"PPT 项目 2 资源"文件夹中的图片文件"SmartArt.png",单击"插入"按钮。

> **注意:**插入的 SmartArt 图形只有 3 个图形项目,若要添加项目,可以将鼠标定位于左侧文本窗格中的最后一个图形项目的"［文本］"处,然后单击回车键即可。

（3）选中 SmartArt 图形,在"SmartArt 工具|设计"选项卡 "SmartArt 样式"组中,单击"更改颜色"按钮,在打开的下拉列表中选择"彩色轮廓—强调文字颜色 3",并在 SmartArt 样式列表中单击"强烈效果"按钮,为图形设置强烈效果。

（4）将目录幻灯片的换片时间设置为 2 秒钟,具体方法参照"封面幻灯片制作"中的步骤(7)。

3. 内容页幻灯片制作

内容页是"个人简历"演示文稿文件的主体部分,共包括 5 张幻灯片,具体操作步骤如下:

（1）内容页一的制作

在"开始"选项卡"幻灯片"组中,单击"新建幻灯片"按钮,在打开的列表中选择"空白",即插入一张"空白"版式的幻灯片,然后按照以下步骤完成,内容页一的效果如图 4-27 所示。

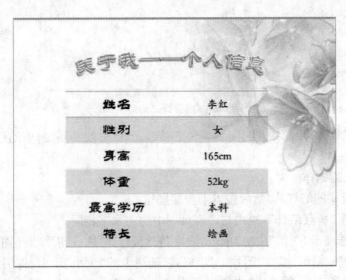

图 4-27 内容页一幻灯片

① 在"插入"选项卡"文本"组中,单击"艺术字"按钮,在打开的列表中选择"填充—橄榄色,强调文字颜色 3,轮廓—文本 2",输入图 4-27 中所示文字,将文字格式设置为"华文楷体,40 号";选中艺术字,在"绘图工具|格式"选项卡"艺术字样式"组中,选择"文本效果|转

换|上弯弧"。

② 在"插入"选项卡"表格"组中,单击"表格"按钮,插入 6 行 2 列的表格;单击"表格工具|设计"选项卡"表格样式"组的"其他"按钮▼,选择"浅色样式 1—强调 6";在"表格工具|布局"选项卡"表格尺寸"组中,将高度设置为"12 厘米",宽度设置为"15.96 厘米";在表格中输入图 4-27 中所示文字,并将第一列文字格式设置为"华文隶书,32 号",第二列文字格式设置为"华文楷体,32 号",所有文字均设置为"居中"显示。

③ 将内容页一幻灯片的换片时间设置为 4 秒钟,具体方法参照"封面幻灯片制作"中的步骤(7)。

(2) 内容页二的制作

新建"空白"版式幻灯片,然后按以下步骤操作。

① 入艺术字"关于我——教育经历",样式与内容页一中的艺术字相同。

② 打开"选择 SmartArt 图形"对话框,在左侧列表中选择"流程",在中间列表框中单击"步骤上移流程",插入 SmartArt 图形;单击"更改颜色"按钮,将颜色更改为"彩色轮廓—强调文字颜色 3";参照图 4-28 在文本窗格中输入文字,并将文字格式设置为"华文楷体,28号"。

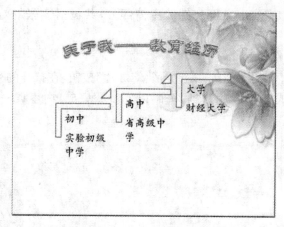

图 4-28 内容页二幻灯片

③ 将内容页二幻灯片的换片时间设置为 3 秒钟,具体方法参照"封面幻灯片制作"中的步骤(7)。

(3) 内容页三的制作

新建"空白"版式的幻灯片,然后按以下步骤操作。

① 插入艺术字"所获荣誉",样式与内容页一中的艺术字相同。

② 在"插入"选项卡"图像"组中,单击"图片"按钮,打开"插入图片"对话框,依次插入图片 pic1~pic4;选中 4 幅图片,在"图片工具|格式"选项卡的"大小"组中,将图片高度和宽度分别设置为 4 厘米和 5.69 厘米;选中 4 幅图片,在"图片工具|格式"选项卡的"图片样式"组中,将图片样式设置为"简单框架,白色"。

③ 将 4 幅图片按照从左到右,从上到下的顺序依次添加"淡出"的动画效果。

④ 将内容页三幻灯片的换片时间设置为 5 秒钟,具体操作步骤同前。

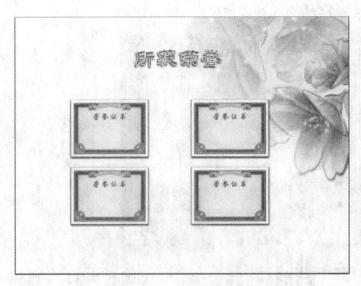

图 4-29 c 内容页三幻灯片

（4）内容页四的制作

新建"空白"版式的幻灯片，然后按以下步骤操作。

① 插入艺术字"岗位认知"，样式与内容页一中的艺术字相同。

② 在"插入"选项卡"文本"组中，单击"文本框|横排文本框"按钮，在幻灯片上添加一个横排文本框，输入如图 4-30 中所示文字，将所输入文字格式设置为"宋体，24 号"；选中所有段落，在"开始"选项卡"段落"组中，将行间距设置为 1.5 倍。

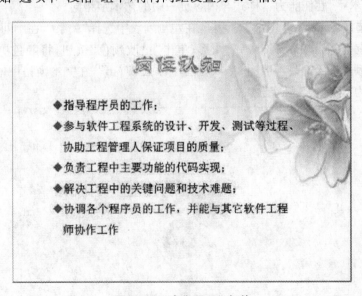

图 4-30 内容页四幻灯片

③ 选中文本框中的各段文字，在"开始"选项卡"段落"组中，单击"项目符号"按钮，在打开的列表框中选择"项目符号和编号"命令，弹出"项目符号和编号"对话框，如图 4-31 所示，在"项目符号"选项卡中，选中"带填充效果的钻石型项目符号"，并将项目符号的颜色设

置为"橄榄色,强调文字颜色 3,深色 25%"。

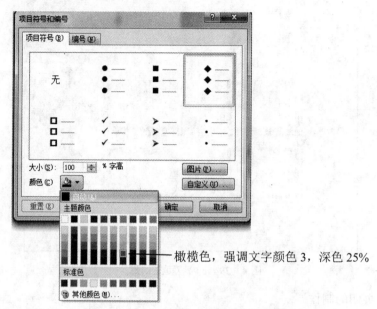

橄榄色,强调文字颜色 3,深色 25%

图 4 - 31 "项目符号和编号"对话框

④ 内容页四幻灯片的换片时间设置为 5 秒钟,具体操作步骤同前。

(5) 内容页五的制作

新建"空白"版式的幻灯片,然后按以下步骤操作。

① 插入艺术字"胜任能力",样式与内容页一中的艺术字相同。

② 打开"选择 SmartArt 图形"对话框,在左侧列表中选择"关系",在中间列表框中单击"漏斗",插入"漏斗"样式的 SmartArt 图形;单击"更改颜色"按钮,将颜色更改为"彩色范围—强调文字颜色 2 至 3";参照图 4 - 32 或者"样张 2. pdf",在文本窗格中输入文字,并将文字格式设置为"宋体,15 号字"。

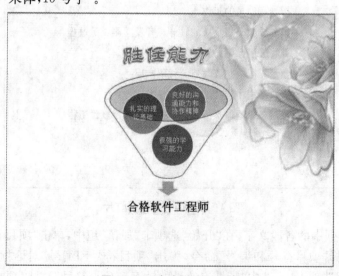

图 4 - 32 内容页五幻灯片

③ 将内容页五幻灯片的换片时间设置为 4 秒钟,具体操作步骤同前。

4. 结束页幻灯片的制作

在"开始"选项卡"幻灯片"组中,单击"新建幻灯片"按钮,在打开的列表框中选择"标题",插入一张"标题"版式的幻灯片。结束页幻灯片效果如图 4-33 所示,具体操作步骤如下:

图 4-33 结束页幻灯片

(1) 在"标题占位符"中输入如图 4-33 所示文字,并将文字格式设置为"华文行楷,30号"。

(2) 在"副标题占位符"中输入如图 4-33 所示文字,将文字格式设置为"华文中宋,20号字",并为所输入文字添加"浮入"动画效果。

(3) 将结束页幻灯片的换片时间设置为 8 秒钟,具体操作步骤同前。

5. 保存演示文稿并播放

将该演示文稿保存为"个人简历. pptx",并单击"幻灯片放映"选项卡"开始放映幻灯片"组中的"从头开始"按钮,查看放映效果。

四、实战练习和提高

制作一份个人简历演示文稿,用于竞选自己心仪的职位,完成后以"竞选简历. pptx"为文件名保存。具体要求如下:

(1) 要求自行设计演示文稿的模板并应用到所有幻灯片。

方法如下:在幻灯片母版中,设置背景样式为"PPT 项目 2 资源"文件夹中的图片文件"云. png",并单击"全部应用"按钮;然后将幻灯片页面大小设置为"35 毫米幻灯片";保存为模板文件"竞选简历. potx"。

(2) 要求 PPT 中包含个人信息、特长展示、所获荣誉、职务认知、成功之后的规划以及致谢等内容。

(3) 在个人信息中请附上自己的照片,特长展示时可以插入视频或者音频,具体内容自行设计。

项目三　品牌手机市场占有率调研报告

一、内容描述和分析

1. 内容描述

市场调研报告是以科学的方法，真实的数据，对某些领域市场进行严谨的分析，是企业正确制定营销战略的基础，是实施营销战略计划的保证。在制作市场调研报告时应力争做到条理清楚、言简意赅、易读好懂。一份市场调研报告应包括标题、调查背景、调查对象、统计结果、综合分析、结论等内容。

2. 涉及知识点

除幻灯片创建、页面设置、文字、图片等对象插入和编辑以及动画设计外，本项目主要涉及图表、表格和视频的插入以及超链接设置、模板的使用。

3. 注意点

市场调研报告以及结论的给出是建立在数据基础上的，因此一定要附有表格以及易于理解的图表，才能给人以专业、严谨、真实有效的印象。

二、相关知识和技能

1. 表格

（1）表格的插入

根据需要可以在幻灯片中插入表格。单击"插入"选项卡"表格"组中的"表格"按钮，打开如图 4-34 所示的下拉列表，拖动鼠标可以直接插入表格；单击"插入表格"命令按钮，打开"插入表格"对话框（单击幻灯片上的"表格"占位符也可以弹出该对话框），输入行列数插入表格；单击"绘制表格"可以直接绘制表格；单击"Excel 电子表格(X)"命令按钮，还可以在幻灯片中嵌入 Excel 表格。

图 4-34　"插入表格"列表框

（2）表格的编辑

在"表格工具|设计"选项卡中，可以实现对表格的样式、边框、底纹等外观上的修改；在"表格工具|布局"选项卡中，可以实现表格行列的添加、删除，以及单元格合并和大小设定等操作。

2. 图表

（1）图表的插入

为了使幻灯片更加生动形象，可以在幻灯片中插入 Excel 图表。单击"插入"选项卡"插图"组中的"图表"按钮,打开和 Excel 中相同的"插入图表"对话框,在此对话框中可以选择所需的图表样式,单击"确定"按钮后,出现 Excel 编辑环境,输入表格数据后直接退出 Excel 编辑环境,即可完成图表的插入。

(2) 图表的编辑

若要对插入图表的数据来源、类型、样式进行修改,可在"图表工具|设计"选项卡中完成;若要对插入图表的坐标轴、标题、图例等进行修改,可在"图表工具|布局"选项卡中完成;若要对插入图表的图表区域进行形状、样式的修改,可在"图表工具|样式"选项卡中完成。

3. 超链接

演示文稿中幻灯片的超链接是指从一张幻灯片跳转到另一个页面,可以是同一个演示文稿的另一张幻灯片,也可以是另一个演示文稿中的幻灯片,或者是 Word 文档、Excel 表格、电子邮件、网页等。超链接的起点可以是幻灯片上的任何对象。

超链接的创建方式有两种:

(1) 在幻灯片上选定一个对象作为超链接的起点,然后单击"插入"选项卡"链接"组中的"超链接"按钮,在打开的"插入超链接"对话框中设置需要链接的位置和要显示的文字,单击"确定"按钮即可。

(2) 在幻灯片上选定一个对象作为超链接的起点,然后单击"插入"选项卡"链接"组中的"动作"按钮,打开"动作设置"对话框。在此对话框中选择"超链接到"选项,选定需要连接的位置,单击"确定"按钮即可。除此之外,在该对话框中还可以设置超链接的触发机制,即通过鼠标单击触发或者鼠标移过时触发。

若要将对象的超链接删除,在"插入超链接"对话框中单击"删除连接"即可,也可在"动作设置"对话框中选择"无动作"选项。

4. 视频

PowerPoint 2010 支持的视频文件格式非常丰富,包括 MP4、QT、SWF、WMV 等大部分主流视频文件。

(1) 视频文件的嵌入

PowerPoint 2010 允许直接嵌入视频文件,也就是允许从演示文稿链接到外部的视频文件上。在"插入"选项卡中单击"视频"选项,在打开的下拉菜单中选择视频文件的来源。若视频文件来自文件,则单击"文件中的视频"命令,在弹出"插入视频文件"对话框中,选中需要插入的文件,然后单击"插入"按钮即可将该视频文件直接嵌入幻灯片;若要插入的视频文件来自网络,则单击"来自网站的视频"命令,在弹出的对话框中输入视频文件所在网站的链接代码,单击"插入"按钮即可;单击"剪贴画视频"命令,则可以插入 PowerPoint 自带的剪贴画中的视频。

(2) 预览和编辑视频

插入视频文件后,可在"视频工具|播放"选项卡中,通过相应的命令来对视频进行预览,在"视频选项"组中可以设置视频文件的播放方式;若有需要还可以单击"编辑"组中"剪裁视频"按钮,在如图 4-35 所示的"剪裁视频"对话框中,通过设定"开始时间"和"结束时间"实现对视频文件的简单剪裁。还可以在"视频工具|格式"选项卡中,对视频文件的颜色、样式、边框、效果等进行编辑。

图 4-35 "视频剪裁"对话框

5. 演示文稿的输出

演示文稿制作好之后,除了可以使用 PowerPoint 2010 软件播放外,还可以使用其他方式输出。

(1) 打印演示文稿

用户可以将演示文稿以纸张的形式打印出来。在"文件"选项卡中单击"打开"选项,打开与 Word 中布局类似的打印面板,用户可以在左侧面板中设置打印机的类型、打印的份数、所需打印的幻灯片张数以及打印时是否有页眉页脚等,在右侧面板中查看打印效果,设置好后单击"打印"按钮即可。

(2) 演示文稿格式的转换

PowerPoint 2010 允许将演示文稿转换成其他类型的文件。依次单击"文件|保存并发送"项,打开如图 4-36 所示窗口进行操作。

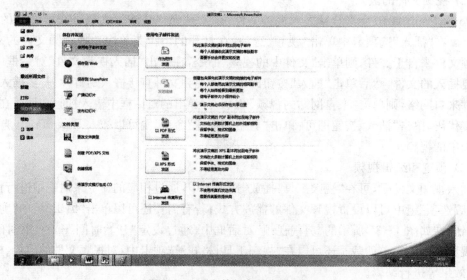

图 4-36 "文件保存并发送"窗口

● 将演示文稿转换成 PDF 文件。在文件格式转换窗口中选择"创建 PDF/XPS 文档"，然后单击"创建 PDF/XPS"按钮，在打开的"发布为 PDF 或 XPS"对话框中选择路径，输入文件名，单击"发布"按钮即可。

● 将演示文稿转换成 Word 文档。在文件格式转换窗口中选择"创建讲义"，然后单击"创建讲义"按钮，在弹出的"发送到 Microsoft Word"对话框中设置好版式，单击"确定"按钮即可。

● 将演示文稿转换成视频文件。在文件格式转换窗口中选择"创建视频"，然后单击"创建视频"按钮，在弹出的"另存为"对话框中选择路径，输入文件名，单击"保存"按钮即可。

（3）打包演示文稿

如需要将演示文稿在没有安装 PowerPoint 2010 的计算机上放映，则可先将演示文稿打包。打包的具体步骤如下：

① 依次单击"文件|保存并发送"，打开如图 4 - 36 所示的窗口；

② 选择"将演示文稿打包成 CD"，并单击"打包成 CD"选项；

③ 在弹出的对话框中设置需要打包的文件以及打包之后的文件名；

④ 若单击"复制到文件夹"选项，则需要在随后弹出的对话框中指定打包文件所在的位置及文件夹的名称；若单击"复制到 CD"选项，则需要按照随后弹出的 CD 刻录向导进行操作，将打包文件刻录到 CD 盘上。

三、操作指导

下载压缩文件"PPT 项目 3 资源"并解压缩。启动 PowerPoint 2010，创建一个默认名为"演示文稿 1"的空白演示文稿，然后参照"文件夹中的 PDF 文档"样张 3. pdf"，完成以下操作。

1. 封面幻灯片的制作

封面幻灯片中仅包含演示文稿的标题，如图 4 - 37 所示，具体操作步骤如下：

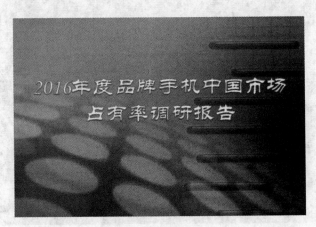

图 4 - 37　封面幻灯片

（1）单击"开始"选项卡"幻灯片"组的"板式"按钮，在打开的列表中选择"仅标题"，将封面幻灯片的版式更改成"仅标题"。

（2）单击"设计"选项卡"页面设置"组中的"页面设置"按钮，在弹出的对话框中将幻灯片大小设置成"35毫米幻灯片"。

（3）单击"标题"文本占位符，输入文字"2016年度品牌手机中国市场占有率调研报告"，并将其字体格式设置为"华文隶书，60号，加粗"；选中输入的文字，在"绘图工具|格式"选项卡"艺术字样式"组中，单击"其他"按钮，在打开的列表中选择"填充—白色，轮廓—强调文字颜色1"。

（4）在"设计"选项卡"主题"组中，单击"其他"按钮，选择"浏览主题"，打开"选择主题或主题文档"对话框，选择"PPT项目3资源"文件夹中的模板文件"调研.potx"作为主题。

（5）在"切换"选项卡"切换到此幻灯片"组中，单击"其他"按钮，在列表中选择"蜂巢"，为幻灯片设置切换效果；单击"切换"选项卡"计时"组中的"全部应用"按钮，将该切换效果应用到整个演示文稿，如图4-38所示。

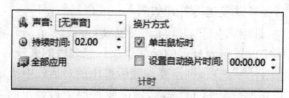

图4-38 "计时"组

2. 目录页幻灯片的制作

目录页用于显示整个演示文稿的架构。新建"空白"版式的幻灯片，然后按以下步骤操作。

（1）单击"插入"选项卡"插图"组中的SmartArt按钮，打开"选择SmartArt图形"对话框，选择"垂直项目符号列表"，参照图4-39输入文字，选中所输入文字，将字体格式设置为"华文楷体，30号字，居中"。

图4-39 目录幻灯片

（2）将光标停留在SmartArt图形"调查对象"文本窗格中，在"SmartArt|设计"选项卡"创建图形"组中，单击"升级"按钮将该文本窗格升级；使用同样的方法将"综合分析"文本窗

格升级。

（3）单击"SmartArt|设计"选项卡"SmartArt 样式"组中的"更改颜色"按钮，在弹出的列表中选择"彩色范围—强调文字颜色 3 至 4"；单击"其他"按钮，在打开的列表框中单击"卡通"按钮，给 SmartArt 图形设置效果。

3. 内容页幻灯片的制作

内容页由调查背景、调查对象、统计结果、综合分析、结论等部分构成，共包含 7 页幻灯片，制作方法说明如下。

（1）内容页一的制作

插入一张"标题和内容"版式的幻灯片，然后按照以下步骤完成。

① 单击"标题"占位符，输入文字"调查背景"，并将字体格式设置为"宋体，48 号字，加粗，加文字阴影，白色，背景 1"。

② 单击"内容"占位符，输入"用户情况"和"市场占有率"，并将两行文字格式设置为"华文行楷，35 号字，加粗，加文字阴影，红色，强调文字颜色 2，深色 25%"，输入如"样张 3. pdf"文件所示的其余文字，并将其格式设置为"楷体，32 号字，加粗，加文字阴影，白色，背景 1"；所有文字设置段落格式为"首行缩进 2 厘米"。

③ 单击"插入"选项卡"图像"组中的"图片"按钮，打开"插入图片"对话框，选择"PPT 项目 3 资源"文件夹中的图片 pic1.jpg，单击"插入"按钮，完成图片插入，如图 4 - 40 所示；单击"图片工具|格式"选项卡"大小"组的对话框启动器，打开"设置图片格式"对话框，将图片大小设置为"高度 5 厘米、宽度 6.75 厘米"；在"图片工具|格式"选项卡"排列"组中，单击"下移一层"按钮，选择"置于底层"命令；在该选项卡的"图片样式"组中，单击样式列表框的"其他"按钮，在打开的列表中选择"柔化边缘椭圆"

> 提示：若不能将图片设置成此大小，则需要先单击对话框中"锁定纵横比"和"相对于图片原始尺寸"两个复选框，取消对它们的选定。

图 4 - 40　内容页一幻灯片

④ 选中"市场占有率"以及后面所有的文字,在"动画"选项卡"动画"组中选择"浮入"动画效果。

⑤ 在"插入"选项卡中,单击"形状"按钮,选择"动作按钮:后退或前一项",然后如图 4-40 所示在合适的位置插入该动作按钮;松开鼠标后弹出"动作设置对话框"如图 4-41 所示,设置超链接到"幻灯片",在弹出的"超链接到幻灯片"对话框中选择"幻灯片 2",单击"确定"按钮;选中动作按钮,在"绘图工具|格式"选项卡中的"大小"组中将动作按钮的高度、宽度分别设置为:1.6 厘米、3 厘米。

图 4-41 动作设置对话框

(2) 内容页二的制作

插入一张新的"标题和内容"版式幻灯片,然后按以下步骤操作,效果如图 4-42 所示。

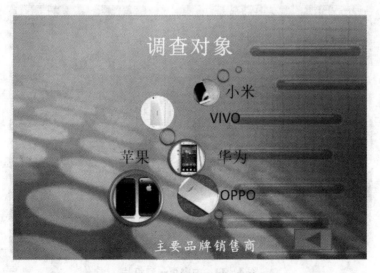

图 4-42 内容页二幻灯片

① 单击"标题"占位符,输入文字"调查对象",字体格式与内容页一中的标题相同。

② 单击"内容"占位符中的"插入 SmartArt 图形"按钮,参照目录幻灯片的操作步骤,插入"气泡图片列表"样式的 SmartArt 图形,将该图形更改颜色为"彩色填充—强调文字颜色1",样式设置为"嵌入";如图 4-42 所示,在文本窗格中,输入相应的文字;单击 SmartArt 图形的"插入图片"按钮,打开"插入图片"对话框,参照图 4-42 依次插入"PPT 项目 3 资源"文件夹中对应的手机图片文件。

③ 选中幻灯片上的 SmartArt 图形,在"动画"选项卡"动画"组中单击"淡出"按钮,为 SmartArt 图形添加"淡出"动画效果;继续单击"效果选项"按钮,在打开的列表中选择"逐个"命令,在"动画"选项卡"计时"组,将"动画开始"从默认的"单击时"更改成"上一动画之后",持续时间为 0.5 秒。

④ 在"插入"选项卡"文本"组中,单击"文本框|横排文本框",在 SmartArt 图形底部插入一个横排文本框,输入文字"主要品牌销售商",并将字体格式设置为"32 号字,加粗,加文字阴影,白色,背景 1,居中"。

⑤ 参照内容页一幻灯片,在合适的位置插入相同的动作按钮,链接到目录页幻灯片。

(3) 内容页三的制作

插入一张新的"标题和内容"版式幻灯片,然后按以下步骤操作,效果如图 4-43 所示。

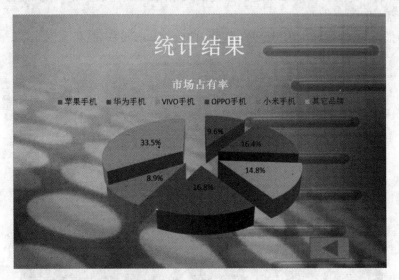

图 4-43　内容页三幻灯片

① 单击"标题"文本占位符,输入文字"统计结果",格式同前。

② 单击"内容"占位符中的"插入图表"按钮,打开"插入图表"对话框,选择"分离型三维饼图",单击"确定"按钮,打开 Excel 编辑环境,如图 4-44 所示,输入相关数据,然后关闭 Excel。

③ 选中幻灯片上的图表,单击"图表工具|布局"选项卡"标签"组中"数据标签"按钮,选择"居中"命令,为图表添加数据标签。

④ 继续单击"图例"按钮,选择"在顶部显示图例"命令,将位于图表右侧的图例移到图表的顶部。

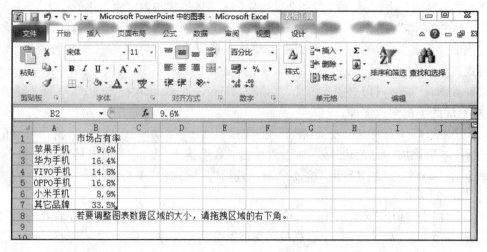

图 4 - 44　Excel 表格

⑤ 选中图表标题文字,将字体格式设置为"宋体,24 号字,加粗,白色,背景 1,深色 5%"。

⑥ 参照内容页一幻灯片,在合适的位置插入相同的动作按钮,链接到目录页幻灯片。

(4) 内容页四的制作

插入一张新的"标题和内容"版式幻灯片,按以下步骤操作,效果如图 4 - 45 所示。

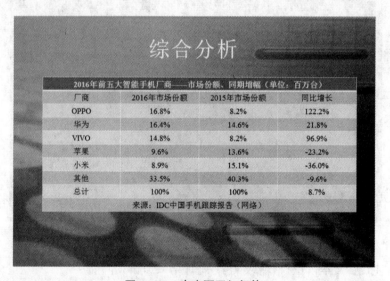

图 4 - 45　内容页四幻灯片

① 单击"标题"占位符,输入文字"综合分析",并将字体格式设置为"宋体,48 号字,加粗,加文字阴影,白色,背景 1"。

② 单击"内容"占位符中的"插入表格"按钮,插入 10 行 4 列的表格。

③ 选中表格第一行,单击"表格工具|布局"选项卡"合并"组中的"合并单元格"按钮,并用同样的方式将表格的最后一行合并为一个单元格。

④ 在表格中输入如"样张 3. pdf"文件中所示文字和数据,并将字体格式设置为"中文宋

体,西文 Times New Roman,18 号字,居中",将表格第一行文字颜色设置为"白色,背景 1",

　　⑤ 在"表格工具|布局"选项卡"单元格大小"组中,将表格单元格高度设置为 1.03 厘米,宽度设置为 6.19 厘米。

（5）内容页五的制作

插入一张新的"标题和内容"版式幻灯片,然后按以下步骤操作,效果如图 4 - 46 所示。

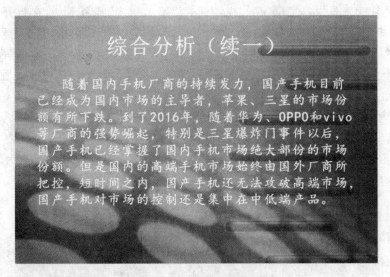

图 4 - 46　内容页五幻灯片

　　① 单击"标题"占位符,输入文字"综合分析(续一)",字体格式同前。

　　② 在"内容"占位符中单击鼠标,输入如"样张 3. pdf"文件中所示文字,并将字体格式设置为"楷体,30 号字,加粗,加文字阴影,白色,背景 1",段落格式设置为"首行缩进 2 厘米"。

（6）内容页六的制作

插入一张"两栏内容"版式幻灯片,然后按以下步骤操作,效果如图 4 - 47 所示。

图 4 - 47　内容页六幻灯片

① 单击"标题"占位符,输入文字"综合分析(续二)",字体格式同前。

② 单击幻灯片左侧的占位符,输入如"样张 3. pdf"文件所示文字,字体格式和段落格式与内容页五中的文本相同。

③ 单击幻灯片右侧占位符中的"插入媒体剪辑"按钮,打开"插入视频文件"对话框,选择"PPT 项目 3 资源"文件夹中的 WMV 文件"华为手机视频",单击"插入"按钮,完成视频的插入;单击"视频工具|格式"选项卡"视频样式"组中的"其他"按钮 ,在打开的列表中选择"金属圆角矩形";在"视频工具|播放"选项卡的"视频选项"组中,选择"播完返回开头"。

④ 单击"插入"选项卡"文本"组中"文本框"按钮,选择"绘制横排文本框"命令,在视频下方插入一个横排文本框,输入文字"华为中高端手机展示",并将字体格式设置为"楷体,30 号字,加粗,加文字阴影,橙色,强调文字颜色 6,淡色 60%"。

⑤ 参照内容页一幻灯片,在合适的位置插入相同的动作按钮,链接到目录页幻灯片。

(7) 内容页七的制作

插入一张"标题和内容"版式幻灯片,按以下步骤操作,效果如图 4-48 所示。

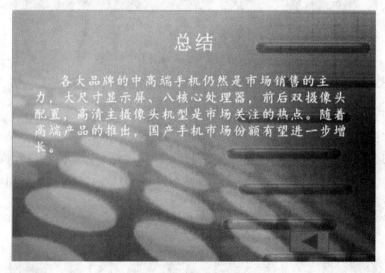

图 4-48 内容页七幻灯片

① 单击"标题"占位符,输入文字"总结",字体格式同前。

② 单击"内容"占位符,输入如"样张 3. pdf"文件所示文字,字体格式和段落格式与内容页五中的文本相同。

③ 参照内容页一幻灯片,在合适的位置插入相同的动作按钮,链接到目录页幻灯片。

4. 结束页幻灯片的制作

插入一张新的"标题幻灯片"版式的幻灯片,按以下步骤操作,效果如图 4-49 所示。

(1) 单击"标题"文本占位符,输入文字"End",并将字体格式设置为"Rage Italic,96 号字,加文字阴影";选中输入的文字,在"绘图工具|格式"选项卡"艺术字样式"组中,单击"其他"按钮 ,在打开的列表中选择"填充—白色 ,轮廓—强调文字颜色 1"。

(2) 给标题文本添加"浮入"动画效果。

(3) 单击"副标题"文本占位符,输入文字"Thank you",字体格式与标题文本相同。

图4－49　结束页幻灯片

（4）给副标题文本添加"浮入"动画效果，并将"动画开始"从默认的"单击时"改成"上一动画之后"。

5. 在目录页幻灯片中设置超链接

操作步骤如下：

（1）在目录页幻灯片选中"调查背景"，在"插入"选项卡"链接"组中单击"超链接"按钮，打开"插入超链接"对话框。

（2）如图4－50所示，在对话框中单击"链接到"区域中的"本文档中的位置"，在"请选择文档中的位置"列表框中选中"调查背景"幻灯片（也可以单击鼠标右键，在弹出的快捷菜单中实现此操作）。

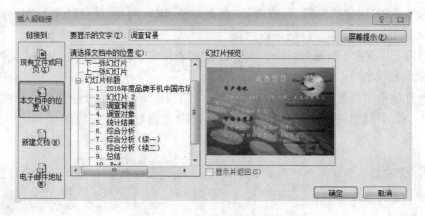

图4－50　"插入超链接"对话框

（3）单击"确定"按钮，关闭"编辑超链接"对话框。

（4）用同样的方式为"调查对象"、"统计结果"、"综合分析"、"结论"设置超链接，链接到相应的幻灯片中。

6. 保存演示文稿并播放

将该演示文稿保存为"调研报告.pptx",并播放幻灯片,查看动画和超链接的设置效果。

四、实战练习和提高

制作一份调查报告演示文稿,用于统计大学生的日常开销,完成后以"大学生消费习惯调研.pptx"为文件名保存文件。具体要求如下:

(1)要求自行设计演示文稿的模板并应用到所有幻灯片。

方法如下:在"幻灯片母版"视图中,设置背景样式为"PPT 项目 3 资源"文件夹中的图片文件"消费习惯调研.png",并单击"全部应用"按钮;然后将幻灯片页面大小设置为"35 毫米幻灯片";保存为模板文件"消费习惯调研.potx",效果如图 4-51 所示。

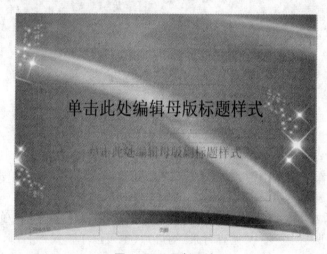

图 4-51 母版设计

(2)要求 PPT 中包括标题、调查背景、调查对象、调查问卷、统计结果、综合分析、结论与建议等八页幻灯片,其中统计结果占两页。

(3)将"PPT 项目 3 资源"文件夹中的文件"调查问卷.docx"直接以 Word 文档的形式嵌入到演示文稿"调查问卷"页中。

(4)统计结果用两张图表展示,不同性别学生的消费统计结果以柱状图的形式显示,如图 4-52 所示;不同年级学生的消费统计结果以带数据标记的折线图的形式显示,如图 4-53所示。

说明:演示文稿中各部分的内容自行设计,生成图表的数据也可自行设计,图 4-52 和图 4-53 仅为示例。

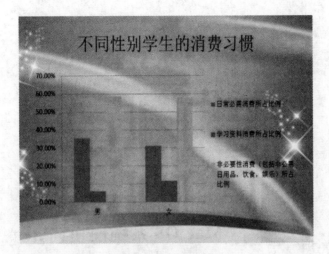

图 4-52　柱形图

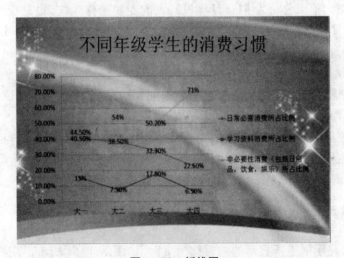

图 4-53　折线图

附录一　Mac OS 系统使用简介

Mac OS 是美国苹果公司为 Mac 计算机开发的专属操作系统,也是全世界第一个基于 FreeBSD 的面向对象操作系统。Mac 计算机是苹果公司自 1984 年起以"Macintosh"开始开发的个人消费型计算机,如:iMac、Mac mini、Macbook Air、Macbook Pro、Macbook、Mac Pro 等。FreeBSD 是一种类 UNIX 操作系统,由于 FreeBSD 宽松的法律条款,其代码被很多系统借鉴,其中就包括苹果公司的 Mac OS,因此 Mac OS 具备了对 UNIX 的兼容性,这使得 Mac OS 获得了 UNIX 商标认证。

Mac OS 系统界面简洁独特,采用拟物化的图标和形象的人机对话界面。这种图形用户界面最初来自施乐公司的 Palo Alto 研究中心,苹果借鉴了其成果开发了自己的图形化界面,后来又被微软的 Windows 所借鉴并在 Windows 中广泛应用。

一、MAC 桌面

进入系统后,显示屏上所显示的内容称为桌面,如图附 1-1 所示。用户大部分的工作都在桌面上进行,应用程序、文件、文件夹都在桌面上启动。例如,用户在 Mac 的光驱里放

图附 1-1　Mac OS 桌面

入 CD 或 DVD,对应的光盘图标就会出现在桌面上;当外接移动硬盘或将 iPhone 等设备连接在主机的 USB 接口,卷宗的图像也会显示在桌面上。用户也可以将文件、文件夹存放在桌面上,只需单击桌面,即可启动 Finder 应用程序,同样,选择桌面上的任何项目,都会启动其对应的应用程序。例如,用户正在阅读 Mail 中的电子邮件(Mail 是 Mac OS 附带的应用程序),则将启动 Mail 应用程序,此时单击桌面则将立即启动 Finder 应用程序,但 Mail 应用程序仍在后台运行中。

用户可以将应用程序、档案夹、档案等搬移到桌面上,但前提是该动作不会影响到计算机运作,例如用户不能任意搬动"音乐"档案夹里的 iTunes 档案夹的位置,否则 iTunes 将无法正常运作。

二、Dock

Mac 桌面底端部分称为 Dock,如图附 1 - 2 所示。Dock(即 Dockbar"停靠栏"的缩写)是图形用户界面中用于启动、切换运行中的应用程序的一种功能界面。Dock 是苹果公司 Mac OS 操作系统中重要组成部分之一,主要功能是应用程序的启动器,用户可以在 Dock 上放置常用程序(如 Mail、Safari、iTunes、Pages 和备忘录等)的图标,系统的 Workspace Manager(工作区管理器)和 Recycler(回收站)则在 Dock 顶端一直显示。

图附 1 - 2 MAC OS 的 Dock 栏

打开应用程序时,相应的图标就会出现在 Dock 中,随着用户打开的应用程序增多,Dock 中的图标也会随之增加。如果最小化应用程序时(单击窗口左上角的黄色圆形按钮),该应用程序窗口就会隐藏在 Dock 中,一直处于小图标状态,直到再次单击此图标打开窗口。

Dock 将应用程序放在左侧,文件夹和窗口放在右侧,左右两侧由一条"斑马线"隔开。如果想在分隔线的范围内重新排列图标的位置,只需将 Dock 中的图标拖至另一位置放开即可。

Dock 通过图标下部的白色圆点来显示当前程序是否正在运行,通常状态下图标是不带有白色圆点的,如果程序正在运行则图标下方会显示白色圆点。

当鼠标点击 Dock 上的系统偏好设置程序时,如图附 1 - 3 所示,会打开设置概览界面,如图附 1 - 4 所示。

图附 1 - 3 Dock 上的系统偏好设置

图附 1-4　系统偏好设置概览

单击偏好设置第一行的 Dock 程序，打开如图附 1-5 所示设置界面。用户可以自行定制 Dock 栏上图标的大小、Dock 位于桌面的位置（可设为居左、底部和居右三种）、最小化当前应用程序时的显示效果、以及其他各种动态选项。

图附 1-5　Dock 设置选项

如果要将应用程序、文件或文件夹添加到 Dock 中，只需将其图标从任一 Finder 窗口（或桌面）拖放到 Dock 中，Dock 中的图标将移到一侧为新图标腾出空间，在 Dock 中出现的图标实际上是原始项的快捷方式。将应用程序或文件拖到 Dock 上后，只需单击 Dock 中的图标即可随时将其打开。

三、Finder

开机进入 Mac 系统后，首先映入眼帘的就是 Finder，即带笑脸的蓝色图标，如图附 1-6 所示。

图附 1-6　Finder 图标

　　Finder 是 Mac OS 系统的程序,功能类似于 Windows 系统的资源管理器,其功能是允许用户组织和使用 Mac 里的程序、文件、文件夹、磁盘以及网络上的共享磁盘,通过 Finder 可以直接预览丰富的高质量的文件。

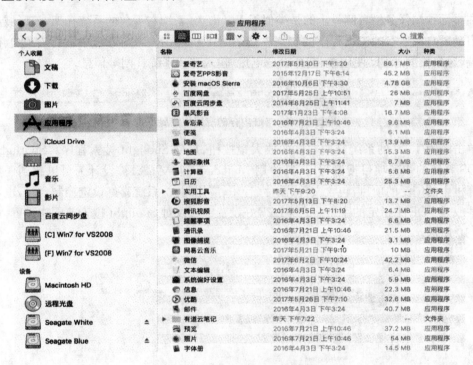

图附 1-7　Finder 中应用程序界面

　　打开 Finder 窗口,如图附 1-7 所示。Finder 窗口的左侧的侧边栏中显示着计算机所装载或连接的卷宗(例如硬盘、网络、CD、DVD、iOS 设备)。侧边栏上方有一组圆形按钮,位于左上角的红色圆形按钮是"关闭"按钮,用于关闭 Finder 窗口;中间的黄色圆形按钮是"最小化"按钮,用于将窗口缩到最小并收入 Dock 里;右上角的绿色圆形按钮是"最大化"按钮,单击它可将窗口放到最大。和 Win7 的资源管理器窗口一样,该窗口用鼠标拖放可以改变大小。

　　"个人收藏"档案夹里存放着 Mac 的所有对象和数据。当用户将音乐输入到 iTunes 时,那些音乐档案都会被存在 iTunes 档案夹里,这个档案夹位于用户档案夹中的"音乐"档案夹内。同样的,iPhoto 会将图片存放在"图片"档案夹里,而 iMovie 会将影片存放在"影片"档案夹,而"应用程序"档案夹里包含 Mac 上安装的所有应用程序。

　　用户可以在档案夹里制作子档案夹,依照主题来分类文件。为了方便整理,尽量不要将所有新增、储存、下载或搬移的项目都堆到桌面上。

四、菜单栏

菜单栏位于桌面屏幕顶端,是一条占据整个桌面宽度的半透明栏,菜单承载了很多用于完成用户手头任务的功能和命令。

当系统同时运行多个应用程序时,桌面顶端始终显示当前处于活动状态的那个应用程序的菜单,例如运行浏览器 Safari 时,任务栏显示如图附 1-8 所示。

🍎 **Safari** 文件 编辑 显示 历史记录 书签 窗口 帮助

图附 1-8 当前处于活动状态的程序

在桌面顶端任务栏右侧显示的是类似于 Windows 系统右下角的系统托架,该区域显示系统启动后自动运行的应用程序的状态。如图附 1-9 所示,当前系统中运行着 QQ、微信客户端、风扇检测、CPU 使用率、蓝牙设备电量、输入法和系统日期等信息。

⊞ 🔔 🐛 🎛 1714rpm/71℃ 🖥 0.0MB/s / 0.0MB/s 🔋 10% 🔋 21% 🔋 80% 🔋 100% ‖ ✴ 拼 简体拼音 ♡ 周六下午2:59 🔍 ☰

图附 1-9 常驻内存的应用程序显示

单击图附 1-9 的系统日期右侧的放大镜按钮,启动 Spolight 搜索程序。Spotlight 是 Mac OS 系统的快速项目搜索程序,其使用 Metadata 搜寻引擎,被设计为可以找到任何位于计算机中的广泛的项目,包含文件、图片、音乐、应用程式、系统喜好设定控制台等,也可以是文件或是 PDF 中指定的字符。在系统偏好设置中可以对 Spolight 搜索范围作设置,如图附 1-10 所示。

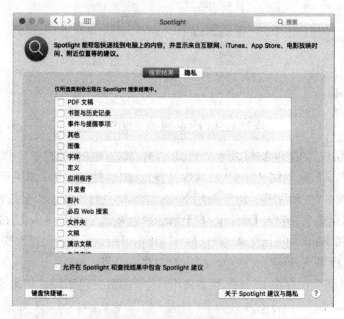

图附 1-10 Spolight 搜索设置

　　Finder 窗口的搜寻字段也使用 Spotlight 搜寻技术,在用户输入的同时,Spotlight 会在 Finder 窗口里显示符合搜寻规则的结果。在 Finder 窗口的搜寻字段下方的横栏中,用户可以根据其中提供的项目(这台 Mac、我的所有文件、共享文件),选择 Spotlight 要搜寻的位置,Spotlight 将依照种类列出搜寻结果。

　　例如:用户要寻找 Mac 上所有的 PNG 影像文件,在搜寻字段里输入 PNG,窗口里列出所有搜寻结果,单击上方横栏里的"这台 Mac"按钮,可以找到整个硬盘上的所有 PNG 文件,如图附 1-11 所示。Spotlight 会显示 PNG 影像文件的缩览图,还会列出其他符合搜寻规则的对象,例如包含".PNG"字符串的文件,可以通过在 Finder 窗口点击对于文件图标打开这份档案。

图附 1-11　　Finder 窗口的 Spolight 搜索

　　点击桌面顶端任务栏最左侧苹果图标,弹出如图附 1-12 菜单,点击第一项"关于本机"命令,显示如图附 1-13 所示关于本机的概览界面,显示当前操作系统版本,硬件系统配置等信息。

图附 1-12　　系统菜单

图附 1-13 关于本机概览页面

在"本机概览页面"中,切换顶端标签卡会依次显示器、储存设备和内存等信息。

五、应用程序

应用程序是为用户完成特定任务提供所需工具的计算机程序(即软件)。例如,用户可以使用 Safari 阅读网页(Safari 是一种 Web 浏览应用程序);如果要收发电子邮件,需要 Mail 电子邮件应用程序;如果要编辑文档、电子表格或演示文稿,可以使用 Pages、Numbers、Keynote(属于 Apple iWork 套件)。

用户要打开应用程序,可在 Finder 窗口中双击其图标(应用程序通常都安装在"应用程序"文件夹中)。如果 Dock 中存在应用程序,在 Dock 中单击该应用程序图标,有的应用程序可能会显示界面窗口、调板、工具栏或其他界面组件,有的只有在打开或创建新文件后才显示上述组件,具体情况视应用程序而定。

若要退出应用程序,可在其应用程序菜单中选择退出。

需要注意的是,Mac 系统中应用程序的安装文件通常后缀名为 DMG 格式,类似于 Windows 系统下的 ISO 镜像,双击可以运行并安装,默认会安装在应用程序文件夹中,如图附 1-14 所示。

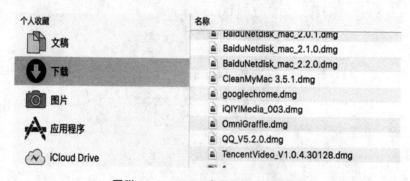

图附 1-14 Mac 应用程序安装文件

例如:用户要使用腾讯视频,需运行 TencentVideo. dmg 文件,在弹出窗口(如图附 1-

15 所示)中,用鼠标将左侧腾讯视频的应用程序图标拖到右侧 Applications 图标代表的文件夹中才可使用该程序。

图附 1 – 15 安装 Mac 应用程序的方法

六、Launchpad

Launchpad 是 Mac OS 系统中提供了一个全新的应用软件管理接口,界面类似于基于苹果 IOS 系统的移动设备(iPhone、iPad、iPod Touch 等)启动后默认加载的界面。

图附 1 – 16 启动 Launchpad

当点击 Dock 栏上如图附 1 – 16 所示的 Launchpad 图标后,打开的当前窗口就会立刻淡出,Mac 上的所有应用软件将呈现在屏幕上,如图附 1 – 17 所示。Launchpad 界面中一个图标即代表一款应用软件,Launchpad 可以根据用户需要不限数量地创建显示程序图标的页面,横向轻扫触控板或者用鼠标向左右拖动,即可以在页面之间自如切换,通过单击图标打开对应的应用软件。

图附 1 – 17 Launchpad 界面

通过拖动图标到不同的位置，或将应用软件归整到文件夹中，就能自定义整理 Launchpad 中的应用软件。只要将两个应用软件相互叠加，便可创建一个文件夹，Launchpad 还能根据文件夹中的应用软件类别提供命名建议，用户也可以根据自己的喜好为文件夹命名。

用户从苹果应用商店下载应用软件或者自行运行 dmg 文件并安装后，该程序将自动出现在 Launchpad 上，随时待用。如果想更快地访问应用程序，可以把图标从 Launchpad 拖拽到 Dock 上；如果想要删除从苹果应用商店获得的应用软件，只要按住图标，直到它开始晃动，然后点击左上角的 X 即可。在 Launchpad 中删除 Mac App Store 应用软件，即可将其从系统中移除。如果误删了某个应用软件，还可以从苹果应用商店再次免费下载。

附录二　Mac OS 系统中虚拟机的安装和使用

虽然苹果 Mac 系列产品拥有出色的设计和做工，Mac OS 本身也是一个非常先进、快速的操作系统，但是不可否认的是，在国内市场 Windows 仍是主流，尤其是在办公、商务领域，很多软件、后台都无法支持 Mac，为用户带来了困扰。解决方案之一是安装双系统，但很容易出现问题，所以最佳方案是在 Mac OS 系统中使用虚拟机软件，模拟 Windows 操作系统环境。虚拟机是指通过软件模拟的、具有完整硬件系统功能的、运行在一个完全隔离环境中的完整计算机系统。

通过虚拟机软件，用户可以在一台物理计算机上模拟出一台或多台虚拟的计算机，这些虚拟机完全就像真正的计算机那样进行工作：可以安装操作系统、安装应用程序、访问网络资源等等。对用户而言，它只是运行在物理计算机上的一个应用程序，但是对于在虚拟机中运行的应用程序而言，它就是一台真正的计算机。

目前，Mac OS 系统中最著名的两款虚拟机软件是 VMware Fusion 和 Parallels Desktop。这两款虚拟机软件都可以在其官方网站下载试用。

下面以 VMware Fusion 8 专业版为例介绍虚拟机的安装和使用以及在虚拟机中安装和使用 Windows 10 系统。

一、准备工作：

1. 在微软官方网站下载 Windows 10 的安装镜像文件，建议下载 64 位 win10 镜像文件，如图附 2-1。

图附 2-1　Windows 10 镜像文件

2. 在 VMware 官方网站(https://www.vmware.com/cn.html)下载 VMware Fusion 8 Mac 版。

二、安装步骤

1. 运行 VMware Fusion 8 Mac 版安装文件,按照向导指示完成安装任务。

2. 运行 VMware Fusion 8,添加虚拟机。步骤如下:

(1) 如图附 2-2 所示,单击"虚拟机资源库"窗口左上角的"添加"按钮,在打开的窗口中,单击左侧大图标"从光盘或映像安装",如图附 2-3 所示。

图附 2-2 虚拟机资源库

图附 2-3 选择安装方法

(2) 单击"继续"按钮,打开如图附 2-4 所示窗口,按照提示将下载好的 Win 10 安装映像文件拖移至此窗口中,结果如图附 2-5 所示。

图附 2-4 创建新虚拟机 1

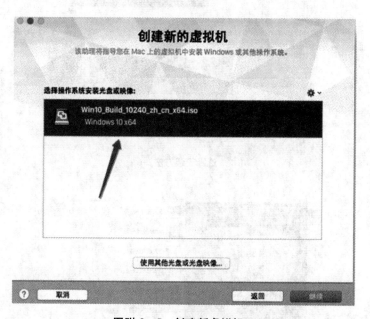

图附 2-5 创建新虚拟机 2

（3）单击"继续"按钮，如图附 2-6 所示，在打开的"快捷安装"窗口中，选定"使用快捷安装"，并选择所安装的 Windows 版本。本例中使用的是 Win 10 专业版，所以选择的是Win 10 Pro。

（4）单击"继续"按钮，在"集成"窗口中选择集成级别，以确定是否与虚拟机系统共享Mac 下的文件与应用程序，推荐选择"更加独立"，如图附 2-7 所示。

（5）单击"继续"按钮，开始安装系统。

（6）在完成系统的安装后，单击"确定"按钮，结束虚拟机的添加。

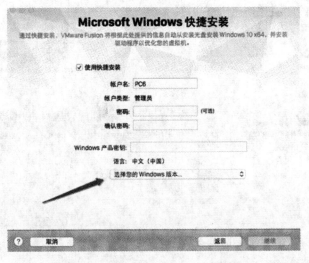

图附 2-6　Microsoft Windows 快捷安装

图附 2-7　选择集成级别

三、配置

(1) 单击"虚拟机资源库"窗口顶端中部的启动按钮,启动该虚拟机。

(2) 如图附 2-8 所示,单击"系统设置"界面中的"处理器和内存"图标,打开设置窗口,如图附 2-9 所示,分别对其进行设置。

(3) 单击"系统设置"界面的网络适配器图标,进入网络设置,可选择与外部 Mac 主机共享网络,如图附 2-10 所示。

图附 2-8　虚拟机"系统设置"界面

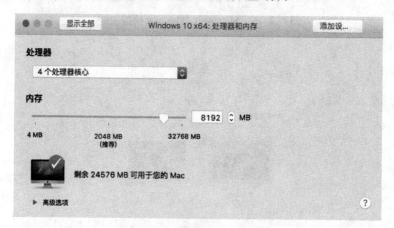

图附 2-9　配置处理机和内存

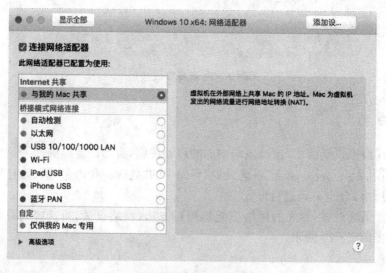

图附 2-10　配置网络

至此,VMware 虚拟机软件和内部虚拟的 Windows 10 系统已经全部安装和配置完毕。在虚拟机资源库左侧列表中双击该虚拟机,即可运行并使用,运行界面如图附 2-11 所示。

图附 2-11　Windows 11 启动界面

[1] Laurie Ulrich Fuller，Ken Cook. Access 2010 For Dummies. Hungry Minds Inc，U. S. . 2010

[2] 前沿文化. Windows 7 完全学习手册[M] . 北京:科学出版社,2011.

[3] 史国栋. 大学计算机基础实验教程 [M] . 镇江:江苏大学出版社,2012

[4] 吴卿. 办公软件高级应用 Office 2010 [M] . 杭州:浙江大学出版社,2012

[5] 未来教育教学与研究中心. 全国计算机等级考试教程二级 MS Office 高级应用 [M]. 成都:电子科技大学出版社

[6] 杨成,杨阳. Excel 2010 数据处理与分析 [M].北京:清华大学出版社,2016

[7] 杨尚群,乔红,蒋亚珺. Excel 2010 商务数据分析与处理[M].北京:人民邮电出版社,2016